U0591014

枪械系统作战效能仿真评估体系与方法

The Evaluation Hierarchy and Method of Fighting Effectiveness Simulation for Small Arms System

郭　凯　慕志浩　著

国防工业出版社

·北京·

内 容 简 介

本书系统地论述了多层次、多角度实现枪械系统作战效能仿真评估的体系与方法,全面介绍了枪械系统作战效能仿真评估的概念、意义、国内外发展概况,以及常用武器系统作战效能分析方法及其关键技术。主要内容包括性能层的枪械性能参数试验获取方法、效能层的枪械系统作战效能指标仿真评估方法和格斗层的分布式虚拟战场环境下半实物仿真枪械系统作战效能评估方法,同时,介绍了枪械系统作战效能仿真评估系统的开发与研制。

本书主要为高等院校、国防院校、军事院校相关专业本科生、研究生及教师撰写,可作为他们深入钻研的指导资料,也可供从事武器系统研制与开发、作战效能评估、半实物仿真、虚拟战场仿真、测试与计量技术以及相近专业的科技工作者、工程技术人员学习和参考。

图书在版编目(CIP)数据

枪械系统作战效能仿真评估体系与方法/郭凯,幕志浩著.
—北京:国防工业出版社,2019.3
ISBN 978-7-118-11788-2

Ⅰ.①枪…　Ⅱ.①郭…　②幕…　Ⅲ.①枪械-作战效能-研究　Ⅳ.①E922.1

中国版本图书馆 CIP 数据核字(2019)第 006058 号

※

国防工业出版社出版发行
(北京市海淀区紫竹院南路 23 号　邮政编码 100048)
三河市德鑫印刷有限公司印刷
新华书店经售

*

开本 710×1000　1/16　印张 14　字数 247 千字
2019 年 3 月第 1 版第 1 次印刷　印数 1—1500 册　定价 98.00 元

(本书如有印装错误,我社负责调换)

国防书店:(010)88540777　　发行邮购:(010)88540776
发行传真:(010)88540755　　发行业务:(010)88540717

前　　言

随着各类高新技术在枪械领域的不断应用,枪械系统的概念和外延也在不断扩展,在枪械系统功能不断完善的同时,其组成结构也越来越复杂,成本也越来越高。传统的枪械系统能力评估一般是通过实弹射击、靶场试验或部队试用等方式进行,不能够随时改变武器编配、对抗模式、作战战术、气象条件、地理环境等状态,不利于对枪械系统的实际作战能力做出全面、及时、准确地评估。

本书根据枪械系统自身及其作战使用特点,在综合研究作战效能层次结构和各种效能评估方法的基础上,确立了能够准确描述枪械系统作战效能评估的指标体系,形成了性能层、效能层和格斗层的多层次枪械系统作战效能评估方法,并在综合运用武器系统效能分析、作战模拟技术、弹道学、概率与统计、武器测试技术、虚拟现实技术、半实物仿真枪械技术、分布交互仿真等相关理论技术的基础上,构建近似实战的作战环境,在新型枪械系统的设计与研制阶段,即可实施枪械系统作战效能仿真评估,准确地预测和评价枪械系统的实际作战能力。

全书分 4 部分 8 章。

第 1 部分为第 1 章绪论。论述了枪械系统作战效能、枪械系统作战效能仿真评估的概念、意义,以及常用武器系统作战效能分析方法及其国内外发展概况,确立了能够准确描述枪械系统作战效能评估的指标体系,阐述了开展枪械系统作战效能仿真评估的关键分析方法、本书的重点研究内容。

第 2 部分为性能层的枪械性能参数试验获取,主要包括第 2 章。本部分概述了膛压、自动机的运动速度、弹丸的初速与射频、枪械的射击准确度与密集度等枪械各项性能参数特点,重点论述了枪械性能参数实验数据采集与处理分系统的系统设计、软硬件结构与开发、试验过程,为性能层的枪械系统效能评估提供基本方法、平台和手段,并为进一步的枪械系统作战效能分析提供基本参数。

第 3 部分为效能层的枪械系统作战效能仿真评估,主要包括第 3、4、5、6 章。本部分概述了枪械的实际射击状况、陆军小分队实际作战特点、参战人员自身对枪械系统作战效能影响因素和评估风险等问题,重点论述了不同射击条件下的枪械命中概率模型和命中条件下的毁伤概率模型、枪械系统静态作战效能评估模型、参战人员自身影响因素的随机数学模型和基于 SEA 的枪械系统作战效能评估模型,形成了 3 种适合枪械系统效能层的单项效能指标评估方法,并在此基础上开发了相应的软件系统。

第4部分为格斗层的枪械系统作战效能半实物仿真评估，主要包括第7、8章。本部分阐述了高层体系结构、半实物仿真枪械、虚拟战场环境生成、作战想定生成、计算机生成兵力、人工智能、数据库的生成与管理等关键技术，论述了虚拟战场环境下陆军小分队的目标搜索、机动、智能推理决策、命中与毁伤计算和作战效能评估等模型，形成了分布式虚拟战场环境下的枪械系统作战效能仿真评估方法，并在此方法的基础上，利用计算机、摄像机、投影机、交换机、通信设备和仿真机等硬件，以及 MultiGen-Paradigm 公司的 Creator、Vega 和波士顿动力公司的 DI-Guy 等软件，进行了分布式虚拟战场环境下半实物仿真枪械作战效能评估的系统整体框架设计与实现。

本书主要是为从事武器系统的研制与开发、作战效能评估、半实物仿真、虚拟战场仿真，以及相近专业的科技工作者、工程技术人员撰写的。同时也适用于从事军事领域研究，以及关心武器系统工程技术、半实物仿真技术和测试与计量技术发展的广大读者。也可作为地方和军队院校相关专业教师和研究生的参考书。本书的研究成果也可用于其他管射类武器装备的作战效能评估。

本书研究的内容依托于武器装备预研基金项目"基于城市作战分布交互仿真的××效能评价方法研究"，在本书撰写过程中得到了该项目科研团队的大力支持与帮助，特别感谢南京理工大学徐诚教授的悉心指导。同时，也特别感谢在项目开发过程中付出辛勤努力的贺运毅、陈良坤、喻静怡、李延坤、卢伟翔、梁必帅等，在此一并表示诚挚感谢！

由于作者水平有限，书中难免存在疏漏和不妥之处，恳请读者批评指正。

作者
2018 年 10 月

目　　录

第1章 绪　　论

1.1　枪械系统作战效能仿真评估概述

1.1.1　枪械系统作战效能仿真评估的定义及其评估体系

枪械是指利用火药燃气能量发射弹丸、口径小于 20mm 的身管射击武器,以发射枪弹、打击无防护或弱防护的有生目标为主,是步兵的主要武器装备,也是其他兵种的辅助武器装备。

枪械系统作战效能是指陆军装备的各类枪械完成预定作战任务能力的大小。影响枪械系统作战效能的因素很多,主要包括用于完成任务的枪械系统可用性、可信赖性,射击效能、毁伤效能、火力效能、机动效能、防护效能,作战过程中使用的战术、地形、气候条件以及参战人员的影响因素等。其中,枪械系统的射击效能是评价作战效能的最关键因素之一。

枪械系统作战效能仿真评估是综合运用武器系统效能分析、作战模拟技术、弹道学、概率与统计、武器测试技术、虚拟现实技术、半实物仿真枪械技术、分布交互仿真等相关理论技术的基础上,构建近似实战的作战环境,在新型枪械系统的设计与研制阶段,实施枪械系统作战能力评估,准确地预测和评价枪械系统的实际作战能力。

通常情况下,武器系统作战效能可以分成以下 5 个层次,即战略层效能、战役或区域作战效能、战术效能(格斗层)、武器系统单项效能(系统层)、武器子系统效能(性能层)。其中,战略层和战役或区域作战一般是各军兵种联合作战,若进行作战效能评估,应该是对各类武器组成的装备体系作战效能分析,已超出了本书研究范围。因此,对于枪械系统而言,其作战效能评估只需在格斗层、系统效能层和性能层进行即可。

本书根据枪械系统自身及其作战使用特点,在综合研究作战效能层次结构和各种效能评估方法的基础上,确立了能够准确描述枪械系统作战效能评估指标体系,如图 1-1 所示,并以此形成了多层次枪械系统作战效能评估方法。

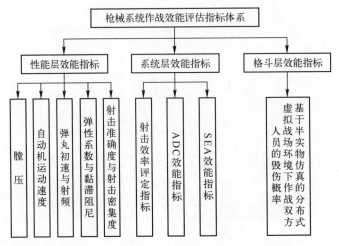

图 1-1　枪械系统作战效能的评价指标体系图

枪械系统作战效能评估指标体系从性能层、系统层和格斗层角度建立了枪械系统效能指标体系。

（1）性能层效能指标直接利用枪械系统的性能参数进行评估，形成了枪械系统试验数据采集与处理方法。

（2）系统层效能指标，分别采用射击效率评定指标、美国工业界武器系统效能咨询委员会的 ADC 效能指标和美国麻省理工学院信息与决策系统实验室的 SEA 效能指标进行评估。

采用射击效率评定方法建立效能评估模型时，考虑了枪械实际作战时的射击状况和敌对人员目标的特点，因此定义该项方法为基于射击效率评定的枪械系统作战效能评估方法。

在使用 ADC 方法过程中，应用了随机过程理论的柯尔莫哥洛夫前进方程，并考虑了参战人员自身的影响因素，使得最终的评估结果能够反映枪械系统在作战过程中不同阶段的效能指标，因此定义该项方法为枪械系统静态作战效能评估方法。

系统有效性分析方法本来是属于系统效能的分析方法，但由于建模过程中，考虑了作战双方的对抗，结合了兰彻斯特方程，建立了枪械系统在对抗条件下的效能评估模型，因此定义该项方法为基于 SEA 的枪械系统作战效能评估方法。

（3）对于枪械系统的格斗层效能指标可以利用作战双方人员的毁伤程度来描述。采用分布交互仿真的方法对格斗层的枪械系统作战效能指标进行评估。为增强仿真的逼真度，在使用分布交互仿真法的同时，还引入了虚拟现实技术，构成了分布式虚拟战场环境下的枪械系统作战效能仿真评估方法。

1.1.2 枪械系统作战效能仿真评估的意义

长期以来,传统的枪械系统能力评估一般是通过实弹射击、靶场试验或部队试用等方式进行的。随着各类高新技术在枪械领域的不断应用,枪械系统的概念和外延也在不断扩展,在枪械系统功能不断完善的同时,其组成结构也越来越复杂,成本也越来越高,传统方法难以给出全面的评估;另外,采用传统方法进行枪械系统能力评估,还会耗费大量的资金和军用物资,安全性差,评估时,也难以随时改变武器、人员、气候、地形等状态;特别是在新型枪械系统的设计和研制阶段,也只能采用虚拟样机技术、多体动力学、有限元分析等方法从性能角度对枪械系统进行研究与分析,无法预测枪械系统的实际作战能力。

枪械系统作战效能仿真评估体系与方法能够在新型枪械系统设计与研制阶段,准确地预测和评价枪械系统实际作战能力,还可及时修正枪械系统研制过程中的不合理因素,从而缩短枪械系统设计周期,避免在人力和财力资源上耗费;在枪械系统配装和采购上,可以在满足作战性能指标要求的前提下,以最小的费用完成最佳攻防体系组配;在枪械系统作战使用上,能够充分考虑到枪械的射击规则、战斗条令,以及使用熟练程度、作战经验和士气等对枪械系统作战效能产生的影响因素,进行枪械系统作战效能分析,可以帮助作战人员正确地使用枪械和选择战术,最大限度地发挥枪械系统作战能力;在作战训练模拟和评价中,能够针对可能的作战方向和作战任务,检验和论证作战方案,并能够按照真实战场环境生成虚拟战场,让参训人员按照各种想定和演习规则进行虚拟作战,提高实战能力。

另外,枪械系统作战效能仿真评估体系与方法可直接应用于未来枪械系统的型号研制过程中,为枪械系统研制与生产,总体方案设计、战术技术经济可行性论证和战术技术指标论证、武装力量结构发展规划、作战小分队城市巷战作战方案的决策与制定提供理论依据和技术基础支持。

1.2 武器系统作战效能分析方法及其国内外发展概况

1.2.1 武器系统作战效能及其度量

关于作战效能,由于不同部门研究的侧重点不同,因而对作战效能的理解也存在着很大的差异,到目前为止,其定义还没有完全统一,比较典型的主要有以下几种。

(1)美国航空无线电研究公司的定义:"在规定条件下使用系统时,系统在规定时间内满足作战要求的概率"。

（2）美国海军的定义："系统能在规定条件下和在规定时间内完成规定任务之程度的指标"或"系统在规定条件下和在规定时间内满足作战需要的概率"。

（3）美国工业界武器效能咨询委员会 WSEIAC（Weapon System Efficiency Industry Advisory Committee）的定义："系统效能是预期一个系统能满足一组特定任务要求的程度度量，是系统可用性、可信赖性和能力的函数"。

（4）美国麻省理工学院的 A. H. Levis 等在评价 C^3I（指挥、控制、通信及性能）的效能时定义："系统与使命的匹配程度"。

从已掌握的资料看，美国工业界武器效能咨询委员会和美国麻省理工学院的定义普遍得到业内人士的认可，也得到了普遍的应用。

为了评价和比较不同武器系统的优劣，必须采用某种定量尺度去度量武器系统作战效能，这种定量尺度就是作战效能指标或作战效能度量，作战效能指标可用概率或其他物理量来表示。

为准确描述武器系统作战效能，指标的选取至关重要，一般遵循以下原则：针对研究的特定问题，能够准确表达相应的军事任务；对武器系统的性能参数或设计变量相当敏感；具有明显的物理意义，可利用现有的或新建的模型进行求解；可用试验或仿真方法加以评估。

1.2.2　武器系统作战效能的层次结构

为了分析研究武器系统作战效能，研究人员必须了解作战任务层次结构，以及整个武器系统作战效能层次结构。通常情况下，武器系统作战效能指标可以分成以下 5 个层次：战略层效能指标——资源消耗率；战役或区域作战效能指标——毁伤率；格斗效能指标——损耗交换比；武器系统单项效能指标——由可用性（Availability）、可信赖性（Dependability）和能力（Capacity）三大要素组合成 ADC 效能指标或者射击效率；武器子系统效能指标——性能指标。上述 5 个层次确定了武器系统作战效能评估大框架，其中武器子系统性能层是进行武器系统作战效能分析的基础。

1.2.3　常用的武器系统作战效能分析方法

武器系统作战效能分析方法多种多样，归纳起来可以分为 3 类，即统计法、解析法和作战模拟法。

1. 统计法

统计法特点是应用数理统计理论,依据实战、演习、试验获得的统计资料评估武器装备作战效能。其应用前提是所获统计数据的随机特性可以清楚地用模型表示,并相应地加以应用。常用的统计方法有抽样调查、参数估计、假设检验、回归分析和相关分析等。统计法不但能给出效能指标的评估值,还能显示武器系统性能、作战规则等影响因素对效能指标的影响,从而为改进武器系统性能和作战使用规则提供定量分析基础。统计法的缺点是,需要有大量武器装备作试验的物质基础,这在武器研制前无法实施,而且耗费太大。

2. 解析法

解析法是根据描述效能指标与给定条件之间函数关系的解析表达式来计算指标值。其优点是公式透明性好,易于了解,计算较简单,且能进行变量之间的关系分析,便于应用。不足之处是考虑因素少,只在严格限定的假设条件下有效,比较适用于不考虑对抗条件下的武器系统效能评估和简化情况下的宏观作战效能评估。常用的解析法主要有射击效率评定法、美国工业界武器系统效能咨询委员会的 ADC 方法、模糊综合评判法、层次分析法、专家打分法等。

实际上,射击效率评定法是统计法和分析法的综合,它采用命中概率和命中目标条件下毁伤概率来描述武器系统效能。其中,命中概率取决于武器的瞄准、射击精度、所对付目标的机动性,毁伤概率取决于弹药的威力和所对付目标的防护能力。该效能评估方法缺陷是仅仅反映了武器系统对敌目标毁伤程度,但没有考虑敌目标构成的威胁,主要适用于具有瞄准系统和发射系统的身管式发射武器。

ADC 方法是用有效性向量表示武器系统在开始执行任务时的可能状态,用可信赖性矩阵描述系统在执行任务期间的随机状态,在已知系统有效性与可信赖性的条件下,用能力向量或矩阵表征系统的效能,整个系统的总效能是这 3 项的乘积。在应用过程中,ADC 方法还有多种推广形式,如 ARC 模型、QADC 模型、KADC 模型和 CADS 模型等。

模糊综合评判法是以模糊数学为基础,用模糊关系合成的原理,对受到多种因素制约的事物或对象,将一些边界不清、不易定量的因素定量化,按多项模糊的准则参数对备选方案进行综合评判,再根据综合评判结果对各备选方案进行比较排序,选出最好方案的一种方法。

层次分析法是根据问题性质和要求达到的目标,首先将问题的组成因素进行分解,并按因素间的隶属关系,将因素层次化,组成一个层次结构模型,然后按层分析,最终获得最低因素对于最高层的重要性权重,或进行优劣排序。

专家打分法是指对某些难以直接定量描述的效能指标,为得到量化结果,选取最能反映效能特征的指标,请一些专家"打分",然后通过对专家意见处理,进而得到定量结果的效能评估方法。该方法的优点是能够有效评定难以定量计算的效能指标,难点是如何选专家和怎样选参数,缺点是专家评估时有较大的倾向性。

3. 作战模拟法

作战模拟法的实质是以计算机模拟模型为试验手段,通过在给定数值条件下运行模型来进行作战仿真试验。由试验得到关于作战进程和结果数据,可直接或经过统计处理后给出效能指标值。作战模拟法能较详细地考虑影响实际作战过程的诸因素,因而特别适合武器系统或作战方案作战效能指标的预测评估。常用的作战模拟法有兰彻斯特方程法和蒙特卡罗法。

兰彻斯特方程法是基于兰彻斯特战斗理论的一种效能评估方法,其战斗效能指标主要是战斗效能比和交换比。其优点是相当详细地考虑战斗过程各种可量化因素,而又用较简单、确定性的解析方程描述所考虑因素对兵力损耗的客观约束关系;缺点是数学结构的局限性(不能有效反映火力毁伤过程特性)、输入数据量庞大和不能反映随机因素及难量化因素的作用。

蒙特卡罗法是利用各种不同分布随机变量的抽样序列模拟实际系统的概率统计模拟模型,给出问题数值解的渐进统计估计值。其优点是可以找出任何事件的概率及任何随机变量的平均值,在试验次数足够多时,可以获得很高的精度,能充分体现随机因素对作战过程的影响;缺点是看不出各种因素对所得结果的影响。

1.2.4 国内外研究状况

进行专门的作战效能分析研究是从第二次世界大战以后开始的,到了20世纪60年代初期,美国、苏联等国相继成立了专门的作战效能分析研究机构,如美国的工业界武器系统效能咨询委员会、俄罗斯国立莫斯科航空学院的航空综合体作战效能分析及外部设计研究中心等。进入80年代,又陆续成立了很多的专门研究机构,如俄罗斯国立航空系统工程研究院的军用航空综合体外部综合设计研究室和国立莫斯科航空学院的航空综合体作战效能分析及外部设计研究中心,美国NASA兰利研究中心的多学科综合研究室和国防部系统工程研究院的军用航空综合体方案论证研究中心、美国布鲁金斯研究所等。其武器系统效能分析研究工作已广泛渗入到战略武器装备、海军武器装备、空地武器弹药等装备方案论证评估、作战方法优选、作战能力评估以及诸兵种协同作战等各个方面,对他们武器装备发展起到了积极的推动和促进作用。

美国国防部曾经发布文件规定:"新武器装备研究没有效能指标,不予立项",并且每隔几年就汇集出版《军事模型集》,到目前为止,作战模型已达数百个,并针对现役和待装备的武器系统,经常进行类似"司令部演习"方式、带"实兵"的作战模拟仿真,以检验武器系统综合性能,评估武器装备完成未来作战任务的能力,从而为加速这些高科技兵器的列装和对现有武器装备的改进做了许多卓有成效的工作。90 年代先后又提出了许多系统效能评估模型,如 C^3I 系统模型、C^4I 系统模型、AIRNC 系统效能模型、空军的系统效能模型、海军的系统效能模型和陆军的系统效能模型等。

苏联关于装备效能评估方面的研究工作主要包括效能指标选择原则、效能评价内容与方法和武器不同发展阶段的效能计算等,主要采用概率统计等方法评估炮兵武器、防空武器等武器装备效能。20 世纪 70 年代以后也开展了导弹武器系统效能方面研究工作。

我国在这方面的起步虽然比较早,但系统地进行作战效能分析研究是从 80 年代后期开始的。我国的通常做法是消化吸收国外的研究结果,再进一步完善和发展,研究的范围也主要围绕空军、海军、导弹、火炮等武器装备领域。

西北工业大学曾采用一种可以适应环境变化的综合评估方法对 C^3I 系统进行过效能评估,采用杀伤概率方法对攻击机、舰载战斗机的作战效能进行过评估,采用指数评估法对战斗机进行过作战效能评估,采用空战模拟方法对歼击机的作战效能进行过评估,采用美国工业武器系统效能咨询委员会提出的 ADC 方法对反舰导弹系统进行了作战效能评估,综合运用模糊 Petri 网技术和 ADC 方法对防区外空面导弹武器系统进行过作战效能评估,采用性能分析方法对机载火控雷达系统的效能进行了研究。

北京航空航天大学曾采用作战模拟法对航空武器作战效能进行了评估,采用 ADC 方法对武装直升机进行了作战效能评估,采用射击效率评定方法对地空导弹武器系统效能进行了评估。东北大学曾采用射击效率评定方法对炮兵营对抗条件下作战效能进行了研究。解放军军械工程学院曾采用模糊综合评判法、层次分析法、专家打分法和 ADC 方法对单兵综合作战系统进行过作战效能评估。南京理工大学曾采用 ADC 方法,并结合统计试验法对 155mm 末敏弹武器系统进行过作战效能分析;采用射击效率评定法、ADC 方法对 155mm 牵引榴弹炮系统进行了作战效能分析。航空工业集团公司 601、611、620 等研究所进行过军用直升机作战效能评估。空军指挥学院,空军第八研究所也做了许多作战效能研究工作。原总装炮兵装备技术研究所①曾建立了"合成集团军武器装备作

---

① 现为陆军研究院炮兵防空兵研究所。

战效能模型",航天部门建立了"飞航导弹突防概率作战效能模型",工业和信息化部建立了"防空 C^3I 系统效能模型",海军院校建立了"舰艇作战能力分析系统"等。

另外,随着科学技术的发展,各个学科之间相互渗透,在作战效能评估领域,又涌现了许多综合性评估方法,主要有系统有效性分析法、分布交互仿真法等。

系统有效性分析(System Effectiveness Analysis,SEA)是美国麻省理工学院信息与决策系统实验室的 A. H. Levis 教授领导的研究小组在 80 年代初期提出一种系统效能分析方法。它综合考虑了系统原始参数、运行环境及其使命需求,认为系统、环境和使命中任何一个要素变化都会引起系统效能变化。采用 SEA 方法进行实际系统效能分析,首先应用于几种民用系统,如 1977 年到 1981 年对美国能源系统的效能分析;1984 年对动力系统的效能分析;1985 年对自动化生产线系统的效能分析等。1985 年前后,L. H. Levis 等开始把 SEA 方法应用于军事领域,1984—1986 年对 C^3I 系统的效能评估,以及 1986 年对陆战炮兵部队(系统)的效能评估等。1992 年,西欧国家还曾把 SEA 方法应用到水面舰艇反潜作战系统的效能分析。国内开展 SEA 方法的研究始于 1990 年前后,并且大多是从研究 C^3I 系统效能的角度去认识 SEA 方法。国防科技大学比较深入地研究了 SEA 方法及其在 C^3I 系统中的应用;海军在 1990—1993 年完成了海军 C^3I 自动化指挥系统的效能评估;另外,还有炮兵学院的炮兵侦察系统的效能分析、解放军电子工程学院的地空雷达对抗系统的效能评估、海军潜艇学院的反潜 C^3I 系统的效能分析等。

分布交互仿真是"采用协调一致的结构、标准、协议和数据库,通过局域网、广域网将分布在各地的仿真设备互连并交互作用,同时可由人参与交互作用的一种综合环境。"它以网络为基础,通过联网技术将分散在各地的人在回路仿真器、计算机生成兵力以及其他仿真设备连接为一个整体,形成时空一致的综合环境,实现平台与环境之间、环境与环境之间的交互作用和相互影响。自 1983 年美国国防高级研究计划局(DAPAR)提出了 SIMNET(Simulation Network)研究计划以来,分布交互仿真技术经历了 SIMNET(Simulation Network)、DIS(Distributed Interactive Simulation)和 ALSP(Aggregated Level Simulation Protocol)、HLA(High Level Architecture)3 个发展阶段。其中 HLA 是美国国防部(Department of Defense,DoD)于 1995 年提出的高层体系结构,其目的是为了解决军事领域仿真应用之间的互操作性和仿真部件的重用性,它能提供更大规模的、将构造仿真、虚拟仿真和实况仿真集成在一起的综合环境,实现各类仿真系统间的互操作、动态管理、组播、系统和部件的重用,以及建立不同层次和不同粒度的对象模型。

目前,HLA 已成为武器建模与仿真的通用标准规范。分布交互仿真的应用领域也从原来单一的军事作战训练,逐步扩展到武器系统作战效能的评估与分析。空军工程大学导弹学院曾对分布交互仿真方法在网络化防空作战系统作战效能评估中的应用进行过研究;装甲兵工程学院指挥管理系利用分布交互仿真方法对雷达侦察作战效能分析进行过研究;国防科技大学构建了基于分布式导弹攻防仿真系统,用于导弹作战效能的评估;解放军理工大学构建了基于分布式仿真的 C^4ISR 效能评估系统和基于分布式仿真的无线电通信对抗效能评估系统;海军工程大学兵器工程系海军兵器新技术应用研究所构建了基于 HLA 的鱼雷武器系统仿真环境,对鱼雷武器系统在不同战场环境下的作战效能进行了分析;国防科技大学系统工程研究所面向效能评估搭建了基于 HLA 架构的坦克作战联邦系统等。

半实物仿真是把数学模型与物理模型或实体结合起来组成一个相对复杂的仿真系统,建立计算机仿真与实物设备的集成运行环境。半实物仿真的特点是:①实时性要求高;②接口设备实现技术是关键环节;③系统规模可扩展性好;④仿真结果置信水平高。北京理工大学根据半实物仿真条件下导引头接受能量与实战条件下导引头接受能量应一致的原则,建立了半实物仿真条件下的能量传输关系,根据假设的激光半主动制导武器特性,对实现激光能量特性半实物仿真的相关技术进行了研究,分析了激光半主动制导武器导引头接受激光能量特性,提出了激光能量特性半实物仿真系统。此外,半实物仿真技术还广泛的应用到机械设计领域。

在军工枪械产品设计领域,主要用三维仿真技术突破传统机械设计的瓶颈,使设计人员在方案设计阶段就能通过三维仿真设计全面、直观和形象地了解设计产品的三维立体全貌和设计尺寸数据,从而最大限度地减少设计失误、减小设计工程量、降低机械加工成本和缩短设计周期,最终提高设计质量。如南京理工大学在枪械自动机运动分析计算中采用了三维仿真技术,用来了解自动机的结构参数对自动机运动情况的影响,分析武器的机构动作可靠性,诊断武器机构动作的故障原因,改进武器的设计等。

1.3 枪械系统作战效能仿真评估的关键分析方法及本书的重点内容

本书选用我国已经装备部队的 3 种步枪(命名为枪 1、枪 2、枪 3)和美国 M16A1 式 5.56mm 步枪(命名为枪 4)为主要研究对象,从性能层、效能层和格斗层 3 个层面对枪械系统开展作战效能仿真评估研究,主要包括性能层的枪械性能参数试验获取方法,效能层的基于射击效率的枪械系统效能评估、枪械系统静态作战效能评估和基于 SEA 的枪械系统作战效能评估,以及格斗层的分布式虚拟战场环境下半实物仿真枪械作战效能评估。

1.3.1　枪械系统作战效能仿真评估分析方法的确定

论述枪械系统作战效能、枪械系统作战效能仿真评估的定义,分析武器系统作战效能分析方法的研究现状,进而说明进行枪械系统作战效能仿真评估体系与方法研究的必要性,明确适合我国实际装备特点及作战背景条件下的枪械系统作战效能分析的研究范围,以及枪械系统作战效能的评价体系框架和 3 个层面开展枪械系统作战效能仿真评估的具体分析方法。

1.3.2　枪械性能层参数试验获取方法

针对枪械各项性能参数特点,开展枪械性能层参数试验获取方法研究,开发适合枪械性能参数试验数据采集与处理的获取系统,为性能层的枪械系统效能评估提供基本方法、平台和手段,并为进一步的枪械系统作战效能分析提供基本参数,主要包括膛压、自动机的运动速度、弹丸的初速与射频、枪械的射击准确度与密集度等。

1.3.3　枪械系统效能层仿真评估方法

以枪械系统效能层的作战效能仿真评估方法为出发点,针对枪械的实际射击状况、陆军小分队实际作战特点、参战人员自身对枪械系统作战效能影响因素和评估风险等问题,分别建立不同射击条件下的枪械命中概率模型和命中条件下的毁伤概率模型、枪械系统静态作战效能评估模型、参战人员自身影响因素的随机数学模型和基于 SEA 的枪械系统作战效能评估模型,形成了 3 种适合枪械系统效能层的单项效能指标评估方法,并在此基础上开发了相应的软件系统。

（1）基于射击效率的枪械系统作战效能评估方法。讨论枪械的实际射击状况和敌对人员目标的特点,建立枪械在单发和连发状态下的毁伤概率模型,给出基于射击效率的枪械系统作战效能分析方法。并选用 3 种不同的枪械,进行射击模拟验算,对比分析不同枪械在射击不同目标时的命中概率和命中条件下的毁伤概率。

（2）枪械系统静态作战效能评估方法。研究美国工业界武器系统效能咨询委员会的 WSEIAC 模型、随机过程理论的柯尔莫哥洛夫前进方程、概率与统计理论中的蒙特卡罗方法,以及层次分析法和模糊综合评定法,讨论参战人员在作战时自身影响因素特点,建立在考虑和不考虑参战人员自身影响因素条件下的枪械系统静态作战效能评估模型,给出枪械系统静态作战效能分析方法。

（3）基于 SEA 的枪械系统作战效能评估方法。采用系统有效性分析方法，考虑作战双方的对抗，结合兰彻斯特方程，将枪械系统的系统、环境和使命三要素结合起来，利用超盒逼近的数值分析算法，建立用于分析枪械作战效能分析的评估模型，给出基于 SEA 的枪械系统作战效能分析方法。并选用 3 种不同的枪械，进行实战模拟验算，对比分析不同枪械在对抗条件下的作战效能。

（4）枪械系统作战效能综合仿真评估软件分系统开发。运用系统工程学的设计观点和软件工程的开发思想，针对 3 种枪械系统效能层的单项效能评估指标，给出了开发枪械系统作战效能综合评估软件分系统时应遵循的设计原则，以及详细的设计方法，并采用该方法对枪械系统作战效能仿真评估进行系统设计与开发。

1.3.4　枪械系统格斗层仿真评估方法

以枪械系统格斗层的作战效能评估方法为出发点，分析高层体系结构、作战想定生成、虚拟战场环境生成、人工智能、半实物仿真、计算机生成兵力、数据库的生成与管理等技术，建立虚拟战场环境下陆军小分队的目标搜索、机动、智能推理决策、命中与毁伤计算和作战效能评估等模型，形成分布式虚拟战场环境下的枪械系统作战效能仿真评估方法，并在此方法的基础上，基于计算机、摄像机、投影机、交换机、通信设备和仿真机等硬件，利用 MultiGen-Paradigm 公司的 Creator、Vega 和波士顿动力公司的 DI-Guy 等软件，进行分布式虚拟战场环境下半实物枪械作战效能评估的系统整体框架设计和开发。

（1）枪械系统格斗层仿真评估模型建立：针对枪械和陆军小分队作战的实际特点，建立陆军小分队的目标搜索、机动、智能推理决策、命中与毁伤计算和作战效能评估等模型。

（2）虚拟战场环境下基于基本动作和智能决策的路径规划：分析虚拟参战人员行为规划和路径规划的基本流程，建立参战人员行为模型、基本动作数据库、行为规则库、决策规则库，形成适于虚拟战场环境下基于基本动作的虚拟参战人员行为规划和基于智能决策的路径规划技术。

（3）枪械系统格斗层仿真作战想定生成：满足虚拟战场环境下枪械作战效能评估的想定需要，综合运用虚拟参战人员的配置文件自动生成和信息加载技术，建立以任务需求和兵力配置为核心的作战想定生成技术，为想定的编辑、修改及生成提供了可视化的平台与工具。

（4）虚拟战场环境下激光弹着点的自动校正技术：采用辐射畸变校正、图像去噪、图像插值等数字图像处理技术，利用"124"次多项式校正方法，完成图像控制点的生成、提取和激光弹着点坐标的提取、校正及传递，形成激光弹着点的自动校正技术,其平均校正精度提高到 0.29 像素。

（5）枪械系统格斗层作战效能仿真评估系统框架设计与开发:分析分布式虚拟战场环境下半实物枪械作战效能评估分系统的功能需求,设计分系统的体系结构,完成分布式虚拟战场环境下半实物枪械作战效能评估系统的框架设计与系统开发。

总之,本书以枪械性能参数试验获取方法为基础,以枪械系统效能层作战效能评估分析方法和分布式虚拟战场环境下半实物仿真枪械作战效能评估方法为核心研究内容,从性能层的枪械系统效能评估、基于射击效率的枪械系统作战效能评估、枪械系统静态作战效能评估和基于 SEA 的枪械系统作战效能评估,逐步过渡到分布式虚拟战场环境下半实物仿真枪械的作战效能评估,从不同层面,全面系统地研究与分析枪械系统的作战效能仿真评估体系与方法。并借助计算机、摄像机、投影仪、半实物仿真枪等硬件和 Labview、Creator、Vega、DI–Guy、Visual C++ 6.0 等软件平台,采用系统工程学设计观点和软件工程开发思想,研制了一套枪械系统作战效能仿真评估系统,该系统由枪械性能参数试验数据采集与处理、枪械系统作战效能综合评估和分布式虚拟战场环境下半实物仿真枪械作战效能评估 3 个分系统组成,如图 1-2 所示。

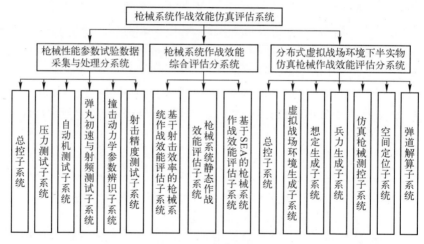

图 1-2　系统组成图

第2章　枪械性能参数试验获取方法

枪械是利用高温、高压、高速的火药燃气发射弹丸,并推动各机构完成一系列动作,它的许多主要机构动作必须在千分之几秒内,甚至万分之几秒内完成,同时还伴随着不断的撞击,其运动状态极为复杂。

针对枪械性能参数的特点,综合运用虚拟仪器技术、系统辨识技术和图像采集与处理技术,建立枪械性能参数试验获取方法,开发适合枪械的性能参数试验数据采集与处理分系统。本分系统主要由压力测试子系统、自动机速度与位移测试子系统、弹丸初速与射击频率测试子系统、撞击动力学参数辨识测试子系统和枪械射击精度测试子系统组成,用于枪械的压力、自动机运动速度和位移、弹丸飞行初速和武器射击频率(简称射频)、撞击动力学参数、枪械射击准确度和密集度等性能参数的测量,为性能层的枪械系统效能评估提供了技术、方法和手段,为进一步的枪械系统作战效能分析提供了基本平台和技术支持。

2.1　枪械性能参数试验数据采集与处理分系统的总体设计

描述枪械工作状态的重要物理量主要包括:膛内火药气体压力——膛压、自动机的运动参数——速度和位移、弹丸出膛口的初始速度和武器射击频率、撞击动力学参数——弹性系数和黏滞阻尼、射击精度参数——准确度和密集度等。这些参数无一例外地影响着枪械的性能,膛内火药气体压力——膛压是枪械发射弹丸和推动武器的各个机构完成规定动作的原动力,测得的膛压用于分析对膛压有影响的各种结构参数及其相关的物理参数;自动机的运动参数——速度和位移用于分析自动机的结构参数对武器性能的影响,辨识自动机的物理性能参数,判断自动机的运动是否平稳,能量的分配是否恰当,各构件之间的撞击所引起的速度变化是否合理,自动机有无故障等;弹丸初速和射击频率是评价枪械性能的又一重要指标,初速测量主要用于衡量枪械的威力,验证外弹道、内弹道理论研究与仿真试验结果的正确性,研究弹丸对各种目标的毁伤机理和毁伤能力,射击频率主要用于射击精度方面的研究,通过协调射击频率与武器固有频率的关系,可以减小枪口的振动,进而提高武器的射击精度;武器撞击动力学参数——弹性系数和黏滞阻尼,用于武器总体性能的分析,为武器的改进与设计提供参考;枪械射击精度参数——准确度和密集度,用于衡量枪械系统对目标的射击效果,检验枪弹等生产厂家产品的质量,是评价低伸弹道武器性能优劣的一项重要指标。以上各性能参数的测量可以从性能层对枪械系统进行效能评估,同时也为进一步的枪械系统作战效能分析提供基本的、准确的试验数据。

枪械性能参数试验数据采集与处理分系统的总体组成结构框图如图 2-1 所示。

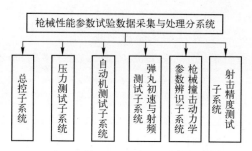

图 2-1　枪械性能参数试验数据采集与处理分系统的总体组成结构框图

整个分系统包括以下 6 个子系统:枪械性能参数试验数据采集与处理总控子系统、压力测试子系统、自动机测试子系统、弹丸初速与射频测试子系统、枪械撞击动力学参数辨识子系统、枪械射击精度测试子系统。各个模块的主要功能如下:

(1) 枪械性能参数试验数据采集与处理系统总控子系统:用于提示用户整套系统的运行状态,是用户进入各子模块的入口,图 2-2 为总控子系统的用户界面图,系统运行后,只要点击相应按钮,即可进入子系统,进行各项性能参数的数据采集与处理。

(2) 压力测试子系统:借助 SYC4000 型压电式压力传感器、YE5850 型电荷放大器、数据采集卡 PCI-MIO-16E-1、PC 和虚拟仪器软件平台 Labview,对武器的膛内压力实现实时的数据采集和数据处理,最后自动输出膛压的数据结果和图形及试验报告。

(3) 自动机测试子系统:借助于 YSW 型磁电式速度位移传感器、YE3810A直流放大器、数据采集卡 PCI-MIO-16E-1、PC 和虚拟仪器软件平台 Labview,对自动机速度实现实时的数据采集和数据处理,并通过积分计算出自动机的位移,最后自动输出自动机的速度、位移的数据结果和图形及试验报告。

(4) 弹丸初速与射频测试子系统:借助于红外光幕靶、信号调理电路、数据采集卡 PCI-MIO-16E-1、PC 和虚拟仪器软件平台 Labview,对弹丸穿过红外光

14

幕靶中靶Ⅰ、靶Ⅱ的脉冲信号实现实时的数据采集和数据处理,计算出弹丸的初始飞行速度和枪械的射击频率,并自动输出试验报告。

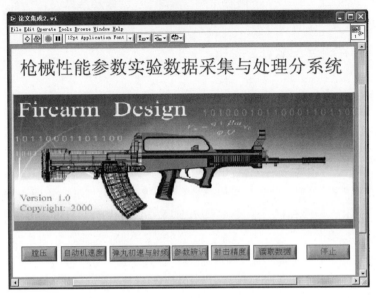

图 2-2　总控子系统的用户界面图

（5）枪械撞击动力学参数辨识子系统:借助于 YSW 型磁电式速度位移传感器、YE3810A 直流放大器、数据采集卡 PCI-MIO-16E-1、PC 和虚拟仪器软件平台 Labview,对自动机速度实现实时的数据采集和数据处理,并采用低速弹性撞击理论,建立数学模型,利用最小二乘法,结合自适应步长算法,辨识出撞击动力学参数——弹性系数和黏滞阻尼,最后自动输出自动机的速度、弹性系数和黏滞阻尼的数据结果和图形及试验报告。

（6）枪械射击精度测试子系统:借助于日本精工 SE0813-2 型定焦摄像头、北京大恒 DH-HV1300FM 型数字摄像机、IEEE 1394 接口卡、PC 和虚拟仪器软件平台 Labview,对弹丸命中的目标靶纸实现实时的图像采集和处理,计算出弹孔的精确位置,最后自动输出枪械的射击准确度和密集度及相应的试验报告。

2.2　压力测试子系统

枪膛内火药气体压力——膛压,是枪械发射弹丸和推动各个机构完成规定动作的原动力,所以用试验的方法准确地测出膛内压力随时间变化的规律——

压力—时间曲线,探求各种结构参数和其他因素对压力曲线的影响,不论对于研究枪械设计理论,还是分析具体枪械的性能,都具有十分重要的意义。本部分针对枪械膛压的特点,开发了枪械膛压测试子系统,该系统能够对枪械的膛压实现实时的数据采集、存储与处理。

2.2.1 压力测试子系统的结构

1. 系统的硬件结构

(1)被测对象。火药气体压力是一个动态量,对于枪械来说,膛内压力的变化范围大约为 $0 \sim 4000 kgf/cm^2$($1 kgf/cm^2 \approx 0.1 MPa$),持续时间约为 $1 \sim 10 ms$,压力上升时间(压力由零上升到最大值的时间)约为 $0.1 \sim 1.5 ms$ 。

(2)传感器。选用的是江西传感器厂的 SYC4000 型压电式压力传感器,该传感器是利用石英晶体的压电效应将压力信号变换成电信号的能量转换器。其主要性能指标如下:

量程:$0 \sim 4000 kg/cm^2$;灵敏度:$2.66 Pc/(kg/cm^2)$;绝缘电阻:大于 $1 \times 10^{13} \Omega$;线性度:不大于 1%FS;固有频率:250kHz;质量:13g;连接螺纹:M10×1mm;安装力矩:$2 \sim 3 kg \cdot m$;工作温度:$-70 \sim +200$℃。

(3)数据采集卡。数据采集卡选用的是美国 NI 公司的 PCI-16E-1,该卡是 PCI 总线数据采集控制卡,可以直接插入计算机内 PCI 总线的任一扩展槽。其各项性能指标如下:

采样率:1.25MS/s;输入模拟信号通道:16 路单端/8 路差分;输入范围:$\pm 0.05 \sim \pm 10 V$;模拟信号输出通道:2 路;输出范围:$\pm 10 V$;模拟信号输入/输出(I/O)分辨力:12bit;数字量 I/O 通道:8 路;数字量 I/O 分辨力:8bit;模/数(A/D)转换电路的触发工作方式:模拟和数字触发。

(4)信号调理部分。选用的是扬州无线电二厂生产的 YE5850 型电荷放大器,其各项性能指标如下:

输入等效直流电阻:$10^{14} \Omega$;频带宽:2μHz ~ 100kHz;最大输入电荷量:$10^6 pC$;直流分流电阻:约 $10^{14} \Omega$;放大器灵敏度:传感器电容 1nF 时,$0.01 \sim 1000 mV/pC$;传感器灵敏度调节:三位数字转盘调节传感器电荷灵敏度 $1 \sim 109.9 pC/unit$;上限频率:0.3kHz,1kHz,3kHz,10kHz,30kHz 和 100kHz;下限频率:0.003Hz,0.03Hz,0.3Hz,3Hz;4 档不同的输出:0.1mV/unit,1mV/unit,10mV/unit,100mV/unit;最大输出电压:$\pm 10 V$;最大输出电流:100mA;电源:AC220V±10%,10VA 或 DC±18~27V,<300mA;过载指示:输出超过 10V 峰值发光二极管亮。

（5）PC。用于数据采集卡的控制和虚拟控制面板的开发，是进行系统软件开发的硬件平台，能够实时显示、存储、处理采集到的数据。

压力测试子系统的硬件连接框图如图 2-3 所示。

图 2-3　压力测试子系统的硬件框图

2. 系统的软件结构

软件主要是用于控制系统的硬件，并完成与用户之间的交互操作，压力测试子系统采用的应用软件是 Labview，它是在操作系统 Windows XP 环境下，通过程序开发接口调用数据采集卡的驱动程序，驱动程序再通过子程序接口和 I/O 接口来调用初始化、配置、动作、状态等功能子函数，并完成驱动程序与硬件之间的通信，本子系统的软件结构如图 2-4 所示。

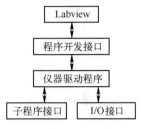

图 2-4　压力测试子系统的
软件结构图

2.2.2　压力测试子系统的软件设计

根据对硬件、软件结构的分析，该子系统软件设计过程，主要分为虚拟控制面板生成和功能模块连接。

1. 虚拟控制面板生成

枪械膛内压力的变化非常剧烈，特别是膛压的上升沿部分，可以在短短的 0.3ms 内，膛压迅速从 0 上升至 3000kgf/cm² 以上，整个膛压的持续时间为 10ms 左右，因此，枪械膛压测试子系统的虚拟控制面板上主要由以下几个元件组成：采样频率、采样点数、预置位置、触发模式（上升沿或下降沿）、触发电平、触发点处以及示波器，图 2-5 所示为该子系统的软面控制板。

2. 功能模块的连接

Labview 能够对虚拟控制面板上的每个元件，自动地生成对应功能模块，开发人员只要用连线按照自己的设计思路将其连接起来即可，图 2-6 所示为本系统功能模块的程序流程框图。

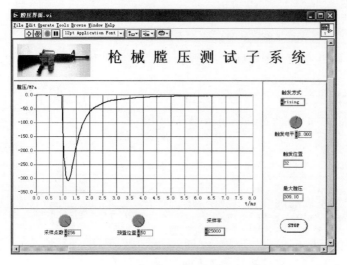

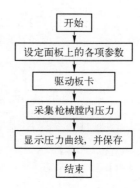

图 2-5　压力测试子系统的软面控制板图　　　图 2-6　功能模块的程序流程框图

2.2.3　试验结果

采用某重机枪对压力测试子系统进行了考核测试。试验时,电荷放大器的各项参数如下:灵敏度:2.66pC/(kgf/cm²);输出:1mV/unit;下限频率:0.003Hz;上限频率:10kHz。

虚拟控制面板的各项参数设定:采样频率:25kHz/s;采样点数:256;预置位置:50;触发方式:falling;触发电平:-0.01V。

图 2-7 所示为采集到的该重机枪的膛压—时间曲线,该曲线准确地反映了膛内压力的变化规律,证明了本系统的可行性及实用性。

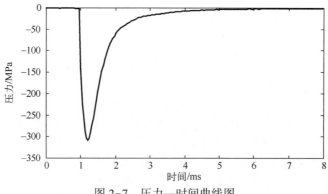

图 2-7　压力—时间曲线图

2.3 自动机测试子系统

自动机运动诸元测定,在枪械试验研究中占有重要地位。根据测出的自动机运动曲线,对照自动机的运动计算,可以校核理论分析的正确性,分析自动机的结构参数对武器性能的影响,判定各种系数的正确性,了解自动机的工作特性。本部分针对枪械自动机的运动特点,开发了自动机测试子系统,该系统能够对枪械自动机的运动参数——速度和位移,实现实时的数据采集、存储与处理。

2.3.1 自动机测试子系统的结构

1. 系统的硬件结构

1)被测对象

自动机运动变化十分剧烈,自动机开锁、后坐到位、闭锁、复进到位等机构运动都有撞击存在,引起速度突变,其运动速度最高可达 15m/s 左右,而在枪机框复进阶段,其运动曲线变化又相对比较平缓。从自动机各机构行程大小来看,枪管短后坐武器的枪管行程只有 10mm 左右,拨弹滑板行程约几十毫米,而枪机框行程可达 200mm 以上。

2)传感器

选用 YSW 型磁电式速度位移传感器,该传感器是根据磁电感应原理制成的一种无源电感传感器,它包括磁头连接件、两个平行的铁芯线圈等,磁头连接件采用钛合金(重量轻、不导磁、力学性能好)材料制成,有圆柱形、斜菱形等结构,使用时牢固地固定在被测枪械的自动机上;线圈架上嵌有软磁铁芯,铁芯线圈上绕有速度线圈和位移线圈。当被测枪械的自动机与磁头连接件同时运动时,磁头连接件上的永久磁铁在两个平行线圈中做相对运动,根据电磁感应定律,在速度、位移线圈中产生感应电动势,即速度、位移信号。

3)数据采集卡

同 2.2.1 节中压力测试子系统的数据采集卡。

4)信号调理部分

YSW 型磁电式速度位移传感器能够输出的电压只有几毫伏,因而必须采用 YE3810A 型直流放大器对其进行电压放大,该放大器的各项性能指标如下:

输入方式:平衡差动输入及提供 ICP 传感器的单端输入;输入阻抗:约 5MΩ+5MΩ;输入保护:当单端输入电平超过 30V 差动输入时,放大器实行全保护;增益换挡:1、2、5、10、20、50、100、200、500、1000 共 10 挡切换;增益准确度:

0.5%;增益稳定度:0.1%h;线性度:满度的0.1%;谐波失真:不大于0.5%(最大容性负载);频带宽度:约3kHz(DC)及直通;噪声:不大于3μV RMS;共模抑制比(CMRR):(DC60Hz)不小于100dB;最大共模电压:DC或AC峰值±10V;时漂:小于3μV/4h;温漂:在允许的工作温度范围内(0~40℃),小于2μV/C;滤波方式:三阶巴特沃斯有源低通滤波器;滤波器上限频率(-3dB±1dB):分别为10Hz、30Hz、100Hz、300Hz、1kHz、3kHz、通过;滤波器平坦度:当$F<F_0/2$时,频带波动小于0.1dB;滤波器阻带衰减:-18dB/OCT;输出电压:5V RMS;输出电流:不大于10mA;输出阻抗:小于1Ω;容性负载:不大于100nF;建立时间(最大增益、最大宽带时测量):不大于20μs。

5) PC

用于数据采集卡的控制和虚拟控制面板的开发,是进行系统软件开发的硬件平台,能够实时显示、存储、处理采集到数据。

自动机测试子系统的硬件连接框图如图2-8所示。

图2-8 自动机测试子系统的硬件框图

2. 系统的软件结构

同2.2.1节中压力测试子系统的软件结构。

2.3.2 自动机运动测试子系统软件设计

根据对硬件结构以及软件结构分析,该子系统软件设计过程,主要分为两个步骤,即虚拟控制面板生成和功能模块连接。

1. 虚拟控制面板生成

自动机运动的变化非常剧烈,自动机的开锁、后坐到位、闭锁、复进到位等机构运动都有撞击存在,从而引起速度的突变,尤以复进到位的碰撞为甚,其变化时间约为1ms,这就要求测量系统具有较高频率响应,通常采样率要达到几十千赫以上,同时,还需设置一个阈值电平,当信号电压达到一定幅值时,整套系统才开始工作,另外,自动机运动全过程大约几十毫秒以上,若想抓住这一信号整个过程,还需设置采样点数可调。

综合以上几个方面因素,该子系统虚拟控制面板上主要有以下显示:采样频率、采样点数、预置位置、触发模式(上升沿或下降沿)、触发电平、触发点处以及示波器。图2-9所示为该系统软面控制板。

2. 功能模块连接

本系统实测自动机的速度,其位移是通过对速度积分而获得的。图 2-10 所示为该子系统功能模块的程序流程框图。

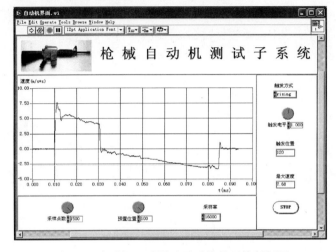

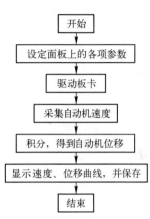

图 2-9 自动机运动测试子系统软面控制板图　　图 2-10 功能模块的程序
流程框图

2.3.3 试验结果

我们应用枪 1 对该子系统进行了考核测试,直流放大器的各项参数分别为:增益(Gain):20;低通滤波(LPF):1kHz。

虚拟控制面板的各项参数为:采样频率:16kHz/s;采样点数:1500;预置位置:100;触发方式:上升沿;触发电平:0.01V。

图 2-11 所示为直接采集的自动机的速度—时间曲线,图 2-12 所示为对该

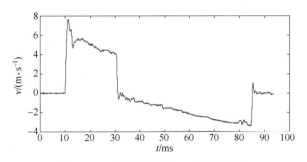

图 2-11 自动机速度—时间曲线图

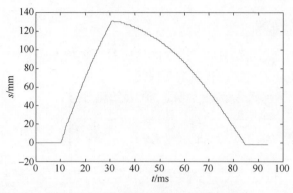

图 2-12　自动机位移—时间曲线图

曲线进行数值积分得到自动机位移—时间曲线,从这两条曲线上来看,本系统能够实时地采集到自动机运动曲线,准确地反映自动机开锁、后坐到位、闭锁、复进到位等机构动作全部过程,试验充分证明了本套子系统可行性及实用性。

2.4　弹丸初速与射频测试子系统

弹丸初速是弹丸出膛口瞬间速度,是弹丸运动过程中的一个重要基本参数,弹丸速度的大小与弹丸发射条件及过程有关,也与弹丸本身的物理参数、气动参数等有关,弹丸速度测量主要用于检验内弹道、外弹道理论的正确性和仿真计算的准确性,研究弹丸飞行运动的规律及其对各种目标的毁伤机理和毁伤能力。射击频率是武器连发时一分钟内连续射击的弹丸发数。枪械射击频率是分析、研究、检验、评价枪械系统总体性能的一个必不可少的参数,射击频率与射击精度关系密切,通过协调射击频率与枪械固有频率的关系,可减小枪口振动,提高射击精度。

2.4.1　弹丸初速与射频测试子系统的结构

1. 系统的硬件结构

1) 被测对象

被测对象为弹丸初始飞行速度和枪械射击频率,各类枪弹的初始速度最大一般不会超过 2000m/s,枪械射击频率一般不超过 1000 发/min。

2) 传感器

选用红外光幕靶,由测速靶架、发射模块和接收模块等组成,测速靶架由靶板、连接螺杆等组成,是测速靶Ⅰ、靶Ⅱ的承载单元。红外光幕靶有两个发射模块、两个接收模块,分别构成测速靶Ⅰ和靶Ⅱ,分别固定在靶架的相应位置上。测试时,弹丸穿过靶Ⅰ、靶Ⅱ的光幕,再通过光电耦合电路,即可输出高电平,从而实现弹丸过靶信号的获取。

3)信号调理部分

弹丸穿过光幕时,产生的电压信号非常微弱,需经过电压放大器和电压比较器后,再提供给数据采集卡,其电压放大电路如图 2-13 所示。

电压比较器的电路图如图 2-14 所示,其作用是将电压放大电路的输出电压 U_o' 作为输入电压 U_{in},并与门限电平 U_{ref} 进行比较,当 U_{in} 超过 U_{ref} 时,电压比较器的输出电压 U_o 为高电平(5V),当 U_{in} 低于 U_{ref} 时,电压比较器的输出电压 U_o 为低电平(0V)。

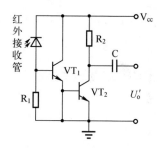
图 2-13 电压放大电路图

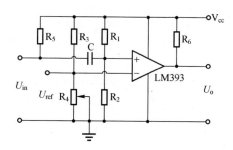
图 2-14 电压比较电路图

4)数据采集卡

同 2.2.1 节中压力测试子系统数据采集卡。

5)PC

用于数据采集卡的控制和虚拟控制面板开发,是进行系统软件开发的硬件平台,能够实时显示、存储、处理采集到的数据。

该子系统的硬件连接框图如图 2-15 所示。

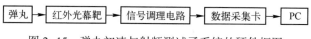
图 2-15 弹丸初速与射频测试子系统的硬件框图

2. 系统的软件结构

同 2.2.1 节中压力测试子系统的软件结构。

2.4.2 弹丸初速与射频测试子系统软件设计

根据对硬件结构以及软件结构的分析,该子系统的软件设计过程,主要分为两个步骤,即虚拟控制面板生成和功能模块连接。

1. 虚拟控制面板生成

弹丸穿过红外光幕时,产生的信号变化非常快,其脉宽只有几十纳秒,这就要求测量系统具有较高频率响应,通常采样率要达到 2MHz/s。其次,还需设置阈值电平,当信号电压达到一定幅值时,测试系统才开始工作。另外,弹丸穿过整个传感器全过程大约需要几百纳秒,若想抓住这一信号的整个过程,还需设置采样点数可调。

综合以上几个方面的因素,本套系统虚拟控制面板上主要有以下几个元件:采样频率、采样点数、预置位置、触发模式(上升沿或下降沿)、触发电平、触发点处以及 3 个示波器。图 2-16 所示为该系统的软面控制板图。

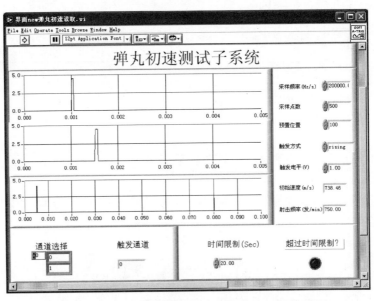

图 2-16 弹丸初速与射频测试子系统的软面控制板图

2. 功能模块的连接

本系统实测弹丸的过靶信号,通过对过靶信号进行处理,可得到弹丸穿过靶Ⅰ、靶Ⅱ的时间间隔 t_1，以及相邻两个弹丸穿过同一靶（如靶Ⅰ或靶Ⅱ）的时间间隔 t_2，设靶Ⅰ、靶Ⅱ间的距离为 S，则初速 v 与射频 f 的计算公式分别如下：

$$v = \frac{S}{t_1} \qquad (2.1)$$

$$f = \frac{60}{t_2} \qquad (2.2)$$

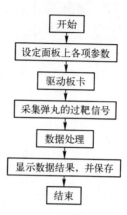

为得到更为准确的初速与射频，只需多次测得初速与射频的试验值，再取平均值即可。另外，式(2.1)中得到的速度实际上是弹丸经过光幕靶时的飞行速度，但由于光幕靶靶位与枪口的距离较小，可以近似将其认为是弹丸的初速。

图 2-17 所示为这套子系统功能模块的程序流程框图。

图 2-17　功能模块的
程序流程框图

2.4.3　试验结果

应用这套子系统对枪 1 的弹丸初速与射频进行了测试，虚拟控制面板的各项参数设定如下：

采样频率：200kHz/s；采样点数：1000；预置位置：200；触发方式：rising；触发电平：1.0V。

图 2-18 和图 2-19 分别为直接采集到弹丸穿过靶Ⅰ、靶Ⅱ的信号曲线，图 2-20 所示为相邻两个弹丸穿过靶Ⅰ的信号曲线。经过计算得到弹丸的初速为 738.46m/s，射频为 750 发/min。

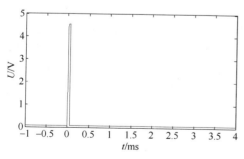

图 2-18　弹丸穿过靶Ⅰ的信号曲线图

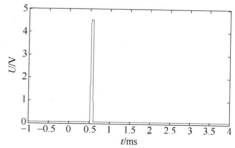

图 2-19　弹丸穿过靶Ⅱ的信号曲线图

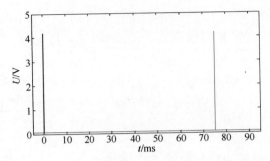

图 2-20　相邻两个弹丸穿过靶 I 的信号曲线图

2.5　枪械撞击动力学参数辨识子系统

撞击是武器自动机工作时最常见的现象之一,如枪械的自动机在完成其自动循环动作过程中,产生了压倒击锤、子弹入膛、击发底火等撞击现象,以完成子弹发射动作。因而,对武器系统进行动力学分析,研究武器撞击动力学问题,特别是对其通过系统辩识的方法识别出弹性系数、黏滞阻尼等动力学参数,对武器系统总体性能的分析和对武器系统的改进与设计有着重要意义。本部分针对枪械自动机撞击过程的特点,开发了枪械撞击动力学参数辨识子系统,该系统能够对自动机的运动速度实现数据采集、存储,并利用弹性撞击的数学模型,采用最小二乘法,结合自适应步长算法,对自动机的运动速度经过系统辨识,得出枪械撞击的动力学参数——弹性系数和黏滞阻尼。

2.5.1　撞击动力学的建模

与冲击动力学中研究的撞击相比,本书研究的是低速撞击。根据撞击模型的不同假设,现有两种不同的分析方法:①刚性撞击,假设撞击在瞬息完成,通过恢复系数描述撞击过程前后撞击体的速度阶跃和能耗而不考虑撞击过程的细节,基于这种模型的分析包括撞击前和撞击后两部分;②弹性撞击,假设撞击过程需一定时间完成,用无质量弹簧-阻尼器描述撞击体相互作用时的变形和能耗,其分析过程包括了接触—变形—恢复—脱离连续变化的过程。

1. 刚性撞击

对于单自由度刚性撞击的分析模型为

$$\ddot{x} = f(t, x, \dot{x}, \mu) \tag{2.3}$$

式中:t 为时间;x 为系统位移;μ 为系统的控制参数;f 为周期为 $2\pi/\omega$ 的可微

函数。

假设撞击在瞬间完成,则撞击前后位移与速度应满足:

$$\begin{cases} x^+ = x^- \\ \dot{x}^+ \rightarrow -a\,\dot{x}^- \end{cases} \tag{2.4}$$

式中:a 为恢复系数,$a \in [0,1]$。

此种分析方法认为物体撞击后的速度取决于系统的构造和初始速度,与撞击力无关,如刚硬球体间的撞击可归入此列,研究的主要问题是确定各种周期撞击振动。

2. 弹性撞击

低速弹性撞击模型,其撞击接触力连续变化,模型用无质量弹簧−阻尼器描述,其力学模型如图 2-21 所示。

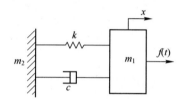

图 2-21　低速弹性撞击力学模型图

图中:m_1 为物体 1 的等效质量,$m_1 = m$;m_2为物体 2 的等效质量,物体 2 与大地固定,$m_2 = \infty$;x 为物体 1 的位移;f 为物体 1 所受的外力;k 为弹性系数;c 为黏滞阻尼。

低速弹性撞击的数学模型为

$$m\ddot{x} + c\dot{x} + kx = f(t) \tag{2.5}$$

根据 Dubowsky 模型,式(2.5)中的黏滞阻尼 c 可表示为

$$c = \frac{2\sqrt{mk}\ln a}{\sqrt{(\ln a)^2 + \pi}} \tag{2.6}$$

式中:$a = 1 - 0.026V^{\frac{1}{3}}$,$V$ 为物体 1 的运动速度。

根据式(2.5)和式(2.6),得

$$m\ddot{x} + \frac{2\sqrt{mk}\ln a}{\sqrt{(\ln a)^2 + \pi}} \cdot \dot{x} + kx = f(t) \tag{2.7}$$

显然,低速弹性撞击模型是典型的非线性撞击模型。

2.5.2 撞击动力学模型的参数估计方法

式(2.7)是高度时变的非线性微分方程,通常不存在解析解,只能借助于数值计算方法求出其数值解。若将式(2.7)表达的运动过程细化,即将整个运动化成若干个很小的区间 Δt,在区间 Δt 内由于参数 k、c 变化很小,可近似认为是常系数,因而式(2.7)就变成了常系数微分方程,可采用系统辨识的方法识别出弹性系数 k_i 和黏滞阻尼 c_i,再通过步步叠代,即可推出整个运动过程的运动情况,计算出整个过程的弹性系数 k 和黏滞阻尼 c。

1. 最小二乘法(LS)

本书采用的是系统辨识方法中最基本的方法——最小二乘法,其最佳准则是"残差平方和最小"。

设待辨识的方程为

$$y_m = \hat{\alpha} + \hat{\beta}x \tag{2.8}$$

式中: $\hat{\alpha}$,$\hat{\beta}$ 分别为截距和斜率。

实际测量到的输出 y_i 是模型的输出 y_m 加上一个随机误差项 e_i,即

$$\begin{cases} y_1 = \hat{\alpha} + \hat{\beta}x_1 + e_1 \\ y_2 = \hat{\alpha} + \hat{\beta}x_2 + e_2 \\ \quad\cdots \end{cases}$$

写成一般形式,有

$$y_i = \hat{\alpha} + \hat{\beta}x_i + e_i \quad (i = 1, 2, \cdots, n) \tag{2.9}$$

式中: e_i 为模型的残差,可表示为

$$e_i = y_i - (\hat{\alpha} + \hat{\beta}x_i) \quad (i = 1, 2, \cdots, n) \tag{2.10}$$

按照最小二乘法的最佳准则,要求残差平方和最小,即

$$J = \sum_{i=1}^{n} e_i^2 = \sum_{i=1}^{n} \left[y_i - (\hat{\alpha} + \hat{\beta}x_i) \right]^2 \quad (i = 1, 2, \cdots, n)$$

对于 $\hat{\alpha}$、$\hat{\beta}$ 为极小,只需按多元函数求极值的方法,使得

$$\begin{cases} \dfrac{\partial J}{\partial \hat{\alpha}} = -2 \sum_{i=1}^{n} (y_i - \hat{\alpha} - \hat{\beta}x_i) = 0 \\ \dfrac{\partial J}{\partial \hat{\beta}} = -2 \sum_{i=1}^{n} x_i(y_i - \hat{\alpha} - \hat{\beta}x_i) = 0 \end{cases}$$

28

化简,得

$$\begin{cases} n\hat{\alpha} + \hat{\beta} \sum_{i=1}^{n} x_i = \sum_{i=1}^{n} y_i \\ \hat{\alpha} \sum_{i=1}^{n} x_i + \hat{\beta} \sum_{i=1}^{n} x_i^2 = \sum_{i=1}^{n} x_i y_i \end{cases} \qquad (2.11)$$

解此方程组,可得最小二乘估计值$\hat{\alpha}$,$\hat{\beta}$,即

$$\hat{\alpha} = \bar{y} - \hat{\beta} \bar{x}$$

$$\hat{\beta} = \frac{\sum_{i=1}^{n} x_i y_i - n \bar{x}\bar{y}}{\sum_{i=1}^{n} x_i^2 - n (\bar{x})^2} = \frac{\sum_{i=1}^{n} (x_i - \bar{x})(y_i - \bar{y})}{\sum_{i=1}^{n} (x_i - \bar{x})^2}$$

其中

$$\bar{x} = \frac{1}{n} \sum_{i=1}^{n} x_i$$

$$\bar{y} = \frac{1}{n} \sum_{i=1}^{n} y_i$$

于是,式(2.8)的模型可变为

$$y = \hat{\alpha} + \hat{\beta} x$$

待辨识的方程为式(2.7),待辨识的参数为 k 和 c,其模型残差 e_j 可表示为

$$e_j = m \ddot{x}_j + c \dot{x}_j + k x_j - f(t_j) \quad (j=1,2,\cdots,n) \qquad (2.12)$$

然后,再应用前述的最小二乘法,即可辨识出区间 Δt 内的弹性系数 k_i 和黏滞阻尼 c_i。

2. 数值稳定性问题和自适应步长求解法

数值稳定性问题,是指误差的积累是否受到控制的问题,定义实际误差为

$$\varepsilon_r = x(k) - x^*(k) \qquad (2.13)$$

式中:$x(k)$为实际值;$x^*(k)$为理论值。

在每步计算中,如前面积累的舍入误差对 ε_r 的影响是减弱的,则计算方法是稳定的;反之,则可能由于 ε_r 的恶性增长而变得不稳定。为了控制 ε_r 使其不致恶性增长而引起不稳定,步长的选择很重要。从数值观点看,步长越小,截断误差越小,但步长减小将导致步数增多,舍入误差积累就会增加,如图2-22所示,因此要兼顾截断误差和舍入误差两个方面,选取合理的步长。

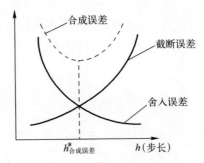

图 2-22　误差与步长的关系图

系统在整个运动变化过程中,其变化时快时慢,如果用同一个步长进行计算,为了达到较高的计算精度,必须按照变化快时的时段来选取步长;显然此步长很小,这样在变化慢的时段就显得浪费,因此,在数值计算时可采用自适应步长求解法,即在计算过程中根据需要对步长自动进行调节。

自适应步长求解法的求解步骤如下:

(1) 按系统的变化过程将其分成几段,每一段都预先给定一个步长 h_i。

(2) 当进入某一段时,先做步长的计算,即用 h_i 做一次计算,然后再用 $h_i/2$ 做一次计算,求得两者之差的绝对值,如果它小于某一预定的值,则认为 h_i 符合精度要求,可用 h_i 继续计算下去,如果两者之差的绝对值大于该预定值,则认为 h_i 过大,再用 $h_i/4$ 做一次计算,并同 $h_i/2$ 的计算结果进行比较。

2.5.3　枪械撞击动力学参数辨识子系统

1. 系统的硬件配置

系统的硬件结构如图 2-23 所示。

图 2-23　硬件结构框图

图中,被测对象为自动机,传感器选用 YSW 型磁电式速度位移传感器,对应的放大器选用 YE3810A 型直流放大器,数据采集卡为 PCI-16E-1。PC 是软件开发的平台,能够实时准确地显示、存储和处理采集到的数据,并辨识出自动机碰撞模型的动力学参数。

2. 系统的软件设计

软件用于控制系统的硬件,并完成与用户之间的交互操作,本系统的软件结构分为两部分:数据采集与参数辨识,如图2-24所示。数据采集部分采用的应用软件是Labview,它通过程序开发接口调用数据采集卡的驱动程序,驱动程序再通过子程序接口和I/O接口调用初始化、配置、动作、状态等功能子函数,并完成驱动程序与硬件之间的通信;参数辨识部分将采集得到的数据进行处理,辨识出枪械碰撞系统的动力学参数——弹性系数和黏滞阻尼。该系统的软件设计可分为两大部分:数据采集模块的开发和枪械碰撞动力学参数的估计。

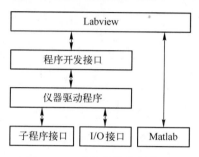

图2-24　系统的软件结构图

1）数据采集模块的开发

　　数据采集模块的软件编程主要包括生成虚拟控制面板和连接功能模块两个步骤。虚拟控制面板是用户控制系统硬件的图形交互界面,本系统的虚拟控制面板主要有以下显示:采样频率、采样点数、预置位置、触发模式(上升沿或下降沿)、触发电平、触发点处以及示波器,如图2-25所示。

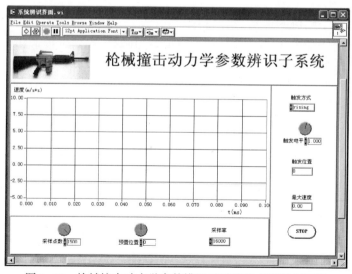

图2-25　枪械撞击动力学参数辨识子系统的虚拟控制面板

在生成虚拟控制面板以后,Labview 会自动地在其背后生成每个单元所对应的功能模块,开发人员只要用连线将各个功能模块按照自己的设计思路,将其连接起来即可,图 2-26 所示为本子系统的功能模块流程图。

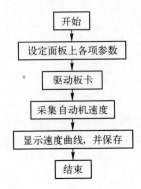

图 2-26　功能模块的程序流程

2) 参数估计模块的开发

枪械自动机通常由枪机框、枪机等零部件组成,它在火药气体的作用下,通过后坐、后坐到位、复进、复进到位完成其整个动作过程,后坐到位和复进到位的过程就是自动机与机匣撞击的过程。以某冲锋枪后坐到位的撞击为例,在进行计算之前先进行如下假设:①机匣与大地固联;②自动机为集中质量,且只能在水平方向运动,其撞击动力学模型与低速弹性撞击模型一致,其中集中质量 $m_1 = 0.597\text{kg}$。

建立的后坐到位的运动微分方程与式(2.7)一致,通过试验测得的撞击过程的加速度曲线如图 2-27 所示,对于撞击力,其变化规律可近似用一个钟形函数表示(图 2-28),即

$$f(t) = F_\text{m}\sin\left(\frac{\pi}{\Delta t}t\right) \qquad (2.14)$$

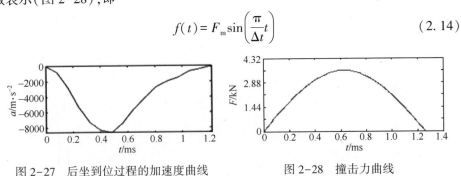

图 2-27　后坐到位过程的加速度曲线　　　图 2-28　撞击力曲线

设自动机的质量为 m,撞击前后的速度分别为 v_1、v_2,撞击的时间为 Δt,由冲量定理,可得

32

$$\int_0^{\Delta t} f(t)\,\mathrm{d}t = m(v_2 - v_1) \qquad (2.15)$$

则

$$F_m = \frac{\pi m(v_2 - v_1)}{2\Delta t} \qquad (2.16)$$

根据某冲锋枪实测的自动机运动曲线（图 2-29），有 $v_2 - v_1 = 4.65\text{m/s}$，$\Delta t = 1.209\text{ms}$，$F_m = 3.605\text{kN}$，所以自动机后坐到位的撞击力为

$$f(t) = 3.605\times10^3 \sin\left(\frac{\pi}{1.209}t\times10^3\right) \qquad (0 \leqslant t \leqslant 1.209\text{ms}) \qquad (2.17)$$

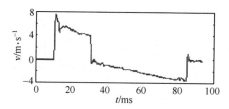

图 2-29　自动机运动速度曲线

显然，自动机后坐到位的碰撞模型是典型的非线性碰撞模型。其运动微分方程是高度时变的非线性微分方程，可采用前面的撞击动力学模型的参数估计方法进行求解计算。

2.5.4　试验结果

应用开发的虚拟武器碰撞动力学参数辨识系统，对枪 1 的自动机后坐到位碰撞进行了试验，图 2-29 是采集到的自动机速度曲线，图 2-30、图 2-31 所示为应用参数估计模块计算得到的自动机后坐到位撞击动力学模型中的弹性系数 k 和黏滞阻尼 c 的曲线图。

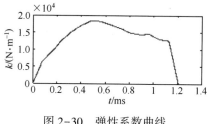

图 2-30　弹性系数曲线

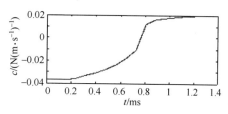

图 2-31　黏滞阻尼曲线

2.6　枪械射击精度测试子系统

射击精度主要包括枪械的射击准确度和密集度,枪械射击精度的测试主要用于衡量枪械系统对目标的射击效果,检验枪弹等生产厂家产品的质量,是衡量枪械性能的重要手段之一。传统枪械射击精度的测试方法是,在弹道终点垂直竖一道用纸板、木板或纺织布等材料做成的目标靶,射击结束后,由人工测量目标靶上弹孔的位置,从而得出枪械的射击精度。采用传统人工目测方法进行枪械射击精度的获取,不仅费时、费力,不能实时得到测试结果,而且安全性差,也无法消除人为误差,更为突出的是无法监测连发时,每一发子弹的精确命中位置。

针对枪械射击的特点,采用图像采集与处理技术,开发了枪械射击精度测试子系统,该系统利用摄像头和相应的数字图像采集设备,对目标靶纸进行图像采集,并采用适当的图像处理算法,对采集到的图像进行预处理与识别,最终不仅能够得到枪械单发的实弹射击精度结果,而且可以实现连发时,每一发子弹射击精度的精确测量。枪械射击精度测试子系统的工作流程如图 2-32 所示。

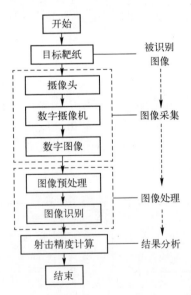

图 2-32　枪械射击精度测试子系统的工作流程

34

2.6.1 枪械射击精度测试子系统的硬件配置

枪械射击精度测试子系统的硬件主要由目标靶纸、摄像头、数字摄像机、IEEE 1394 接口卡和 PC 组成,其组成结构框图如图 2-33 所示。

图 2-33 枪械射击精度测试子系统的硬件结构框图

1. 被测对象

由于本子系统的功能是获取枪械的射击精度,因而选择如图 2-34 所示的精度靶纸作为目标靶纸(被测对象)。系统就是通过测得每次射击结束后目标靶纸上留下的弹孔精确坐标位置,从而得到枪械的射击精度。

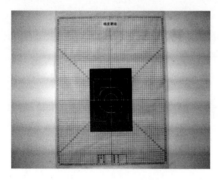

图 2-34 目标靶纸

2. 摄像头

选用的是日本精工的定焦摄像头 SE0813-2,焦距为 8.0mm,F1.3,手动光圈,C 接口,主要用于对目标靶纸的拍摄。

3. 数字摄像机

选用北京大恒公司的 DH-HV1300FM 数字摄像机,该摄像机为单色数字摄像机,具有高分辨率、高精度、高清晰度、低噪声等特点。主要用于数字化由 SE0813-2 摄像头拍摄到的模拟图像。其主要性能指标如下:

符合 IEEE 1394 标准;CMOS 单色数字图像传感器;分辨力:1280×1024

（1310720 个像素）；光学尺寸：1/2 英寸①；像素尺寸：5.2μm×5.2μm；电源：+12V 直流；A/D 转换精度：10bit；像素深度：8bit；图像数据输出格式：列优先；帧率：SXGA（1280×1024）：15 帧/s，VGA：25 帧/s；CIF：40 帧/s；图像窗口可无级设置，帧率也随之变化；增益可调；快门速度可调（1/100000s～1s）；外触发抓拍功能、光源控制接口；信噪比：大于 45dB；动态范围：60dB；灵敏度：在 550nm 的光源下为 1.8V/（lux·s）；清晰度：750 线；工作温度：0～60℃；工作相对湿度：20%～80%；功耗：额定功率 2.5W，最大功率 3.8W；接 C 制标准镜头；支持 Windows 和 Linux 操作系统；支持用户二次开发。

4. IEEE 1394 接口卡

直接插入 PC 内 PCI 总线的任意扩展槽，用于实现数字摄像机与 PC 之间的数据高速传输，其最大传输率可达 400Mb/s。

5. PC

用于数字摄像机的控制和测试子系统的软件开发与运行，能够实时采集、显示、存储、处理采集到的图像，并计算弹孔精确位置，从而得到枪械的射击精度结果。

2.6.2 枪械射击精度测试子系统的图像处理方法

枪械射击精度测试子系统的图像处理工作主要包括对摄像机转换的数字图像进行图像预处理和图像识别，以最终获得枪械的射击精度。

1. 图像预处理

图像预处理是为了改善图像质量而进行的各种图像分割、图像增强和恢复操作。在本子系统中，图像预处理主要包括图像减影、中值滤波消除噪声、二值化、再次中值滤波去噪、基于数学形态学的闭合运算去噪、基于数学形态学的开启运算去噪等过程，图 2-35 所示为枪械射击精度测试子系统的图像预处理流程。

1）图像减影

图像减影又称为图像差影，是将前后采集到的两幅目标靶图像的对应坐标像素灰度值进行相减计算，从而得到由各点灰度差值组成的新结果图像。如果

---

① 1 英寸＝2.54cm。

前后两幅图像的灰度值完全相同,减影处理后,新结果图像的各点灰度差值均为0,则图像显示结果为整个图像是统一的暗区域。一旦后一幅图像有变化,减影处理后,新结果图像就会有亮区域出现,表示第二幅图像有新弹孔,目标靶纸被子弹命中。图2-36所示为图像的减影过程。

图2-35　枪械射击精度测试子系统的图像预处理流程

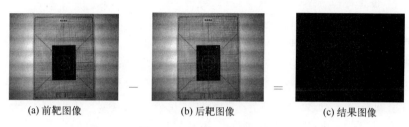

(a) 前靶图像　　　　　　　(b) 后靶图像　　　　　　　(c) 结果图像

图2-36　图像的减影过程

　　图像减影的目的是判断靶纸上是否有新的子弹命中,一旦图像上有新的弹孔,系统将后靶图像和减影处理后的结果图像保存下来,用于后续的图像处理。

　　2）中值滤波

　　图像在采集、传输、接收、处理的过程中,由于系统内部和外部的干扰(主要包括光电转换过程中敏感元件灵敏度的不均匀性、数字化过程的量化噪声、传输过程中的误差以及人为因素等),使得图像上含有各种各样的噪声和失真信息,因此,为了便于后续的弹点识别,必须首先对其进行滤波处理,以消除噪声影响,改善图像质量。

　　图像滤波的方法有很多,如低通滤波、中值滤波、自适应滤波等,由于中值滤波方法具有在消除噪声的同时,还能保持图像边界信息的特点,因此,选用中值滤波方法对采集的靶纸图像进行预处理。

　　中值滤波实际上是一种非线性处理的图像平滑技术,它对一个滑动窗口内的诸像素灰度值排序,用其中值代替窗口中心像素的灰度值。对于二维中值滤波,其滤波器的窗口形状主要有线状、方形、十字形、圆形、环形和菱形等,不同形状的窗口产生的滤波效果也不同,使用中需要根据图像的特点及不同的需求加以选择。本书中选用了常用的十字形窗口对采集的靶纸图像进行了滤波处理,图2-37(a)和(b)分别为滤波前、后的靶纸图像。

 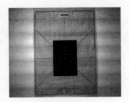

(a) 滤波前   (b) 滤波后

图 2-37 滤波前后的靶纸图像

3）二值化

二值图像是指整幅图像内的灰度值只有 0 和 255 的图像。采用一定算法，将灰度图像变化成二值图像的过程称为图像的二值化。图像二值化是属于图像分割范畴，其数学处理方法有很多，常用的有双峰法、微分直方图法、互级方差最大值法、基于灰度数学期望法等。在实际使用时，需要根据具体应用以及被处理图像对象的特点来选择。由于本系统要处理的图像为图 2-34 所示的射击精度目标靶纸，其直方图如图 2-38 所示。该灰度图像直方图的特点是具有比较明显的双峰波形，因而选用双峰法对图像进行二值化处理，图 2-39 所示为对图 2-37(b)进行二值化处理后的结果图像。

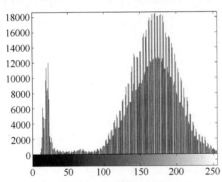 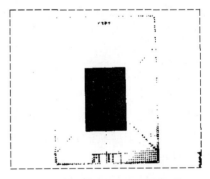

图 2-38 射击精度目标靶纸图像的直方图   图 2-39 二值化后的结果图像

4）基于数学形态学的去噪处理

二值化后的图像(图 2-39)中还存在着噪声，因而必须再次进行去噪处理。

数学形态学(Mathematical Morphology)是分析几何形状和结构的数学方法，是建立在集合代数基础上，用集合论方法定量描述几何结构的科学。它的基本思想是用具有一定形态的结构元素，去度量和提取图像中的对应形状，以达到对图像分析和识别的目的。其基本运算有腐蚀(Erosion)、膨胀(Dilation)、开启(Opening)和闭合(Closing)。

膨胀是指将二值图像各 1 像素连接成分的边界扩大一层的处理，它是一个

38

扩张的过程,这种变换使目标扩张,孔洞收缩;腐蚀是把二值图像各 1 像素连接成分的边界点去掉,从而缩小一层的处理,它是一种收缩变换,这种变换使目标收缩,使孔洞扩张。

一般情况下,膨胀和腐蚀是不可恢复的运算,先腐蚀再膨胀,产生了一种新的数学形态学变换,称为开启运算,开启运算可以使目标轮廓光滑,并可去掉毛刺、孤立点和锐化角;相反,先膨胀再腐蚀,则产生闭合运算,闭合运算可以填平小沟、弥合孔洞和裂缝。

本书中的去噪处理是先进行闭合运算,再进行开启运算,图 2-40 和图 2-41 分别为对图 2-39 进行闭合运算后再进行开启运算后得到的结果图像。

 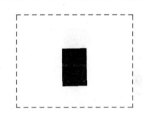

图 2-40　闭合运算后的结果图像　　　　图 2-41　开启运算后的结果图像

2. 图像识别

图像识别是从图像中识别出相关数据信息的过程,目的是为了便于后续的射击精度计算,图像识别过程主要包括关键点识别、靶心识别、弹孔识别、几何校正、弹孔坐标计算等,图 2-42 所示为枪械射击精度测试子系统的图像识别流程。

图 2-42　枪械射击精度测试子系统的图像识别流程

1)关键点识别

图像预处理后得到的图 2-41 二值图像中,黑影部分的 4 个顶点位置的精确识别至关重要。因此,对该图像,首先采用自左向右逐行扫描的方式进行扫描,记录下第一个和最后一个灰度值为 0 的像素点坐标位置;然后采用自上向下逐列扫描的方式进行扫描,同样也记录下第一个和最后一个灰度值为 0 的像素点坐标位置。根据这 4 个像素点坐标位置,即可得到图 2-41 中的 4 个顶点 A、B、C 和 D 的精确坐标,如图 2-43 所示。

2）靶心识别

设 4 个顶点 A、B、C 和 D 的位置坐标分别为 (x_A,y_A)、(x_B,y_B)、(x_C,y_C) 和 (x_D,y_D)。此时,只需连接线段 AD 和 BC,这两个线段的交点 $O(x_O,y_O)$ 即为目标靶的靶心位置,如图 2-44 所示。其中,交点 O 的坐标为

$$\begin{cases} x_O = \dfrac{1}{2}(x_A + x_D) \\ y_O = \dfrac{1}{2}(y_A + y_D) \end{cases} \tag{2.18}$$

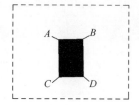
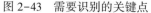

图 2-43　需要识别的关键点　　　　图 2-44　目标靶的靶心位置识别

3）弹孔识别

子弹命中靶纸后形成的弹孔不可能是规则的圆形,将减影处理后得到的结果图像中弹孔部位的图像放大,得到一个不规则的弹孔图形,如图 2-45 所示。对于该图像,也可以采用逐行扫描的方法进行弹孔的识别。首先采用自左向右逐行扫描的方式进行扫描,记录下第一个和最后一个灰度值为 1 的像素点坐标位置;然后采用自上向下逐列扫描的方式进行扫描,同样也记录下第一个和最后一个灰度值为 1 的像素点坐标位置。由此,可以得到这 4 个点的坐标位置,如图 2-46 中的点 E、F、G 和 H,此时连接线段 EF 和 GH,这两个线段形成的交点 K 即可认为是弹孔的中心位置,该点的坐标即为弹孔的像素点坐标。

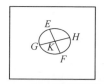

图 2-45　不规则弹孔图　　　　图 2-46　弹孔识别图

4）几何校正

图像在采集过程中,由于系统本身的非线性、摄像时视角的变化或者被摄对象的表面弯曲等原因,不可避免地存在着几何畸变。为了获得更加精确的弹孔坐标位置,必须对图像进行几何校正,通常的几何校正主要包括坐标空间的几何变换和新像素灰度值的重新确定。

本子系统中,图像的几何畸变主要是由于摄像头在拍摄时不可能与目标靶纸绝对垂直造成的,另外,在前述的图像处理过程中,已经识别出了采集到的图像中的关键点和靶心像素点坐标位置,在此,只需将这些畸变图像的像素点坐标位置映射到基准图像中即可。因此,几何校正的主要任务是坐标空间的几何变换。

坐标空间的几何变换是以一幅图像或一组基准点为基准,来校正另外一幅几何畸变图像的方法。如图 2-47 所示,图(a)为畸变图像的关键点坐标图,图(b)为基准图像的关键点坐标图,根据这两幅坐标图中的对应点坐标,建立函数关系,再通过坐标变换,即可实现畸变图像的几何校正。

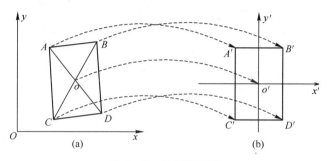

图 2-47　几何校正图

本子系统的几何畸变主要是摄像头不可能与目标靶纸绝对垂直造成的,因而本系统的几何变换是线性变换,其对应的函数关系式可设为

$$\begin{cases} x' = ax + by + c \\ y' = dx + ey + f \end{cases} \tag{2.19}$$

选取图(a)和(b)中的 3 组对应点坐标(如 $A-A'$、$B-B'$、$C-C'$)代入式(2.19)中,再联立求解,即可求出式中的 6 个系数 a、b、c、d、e、f。

5) 弹孔坐标计算

枪械射击精度测试子系统进行图像识别的最终目的是得到弹孔的精确坐标位置,在此,只需将弹孔的像素点位置坐标代入式(2.19)即可。

2.6.3　枪械射击精度测试子系统的软件设计与开发

本系统的软件主要用于控制系统的硬件,完成与用户之间的交互操作,处理采集到的图像,并最终给出枪械射击精度的计算结果。根据系统的硬件结构,以及前述的图像处理方法的分析,枪械射击精度测试子系统应该具有图像采集、图像处理及结果分析等功能。系统工作时,首先初始化整个系统,启动数字摄像机,不间断地将循环采集的前后两幅图像进行减影处理,并判断是否有新弹孔,一旦发现有子弹命中目标靶纸,将后靶图像(第 1 发子弹命中靶纸的图像)和减影结果图像保存下来,并将后靶图像作为图像模板。然后继续循环采集目标靶纸图像,并将新采集到的图像不断地与保存的图像模板进行减影处理,一旦发现有新弹孔,将新的后靶图像(第2发子弹命中靶纸的图像)和减影结果图像保存下来,再将新的后靶图像作为图像模板,如此不断循环,直至射击结束为止。最后对保存的图像模板和每一次的减影结果图像进行统一的图像处理,从而得到每一发子弹的命中位置,并计算出整个枪械射击过程的射击精度。图2-48所示为该子系统的程序流程。

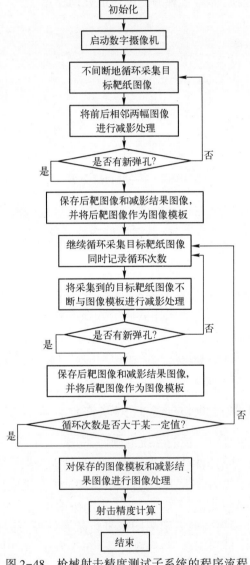

图 2-48　枪械射击精度测试子系统的程序流程

其中,"对保存的图像模板和减影结果图像进行图像处理"是系统进行软件设计时的关键步骤之一,主要包括图像预处理和图像识别两大过程,其内部具体程序流程如图2-49所示。

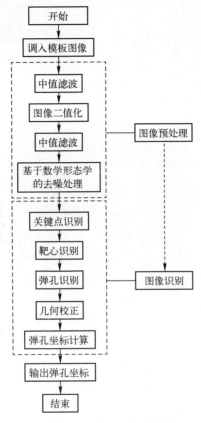

图2-49 图像处理程序流程

2.6.4 射击精度试验及其结果

射击精度主要是指武器的射击准确度和密集度,选用某枪对该子系统进行了射击准确度和密集度考核试验。

射击准确度试验时,将枪械安放在专用的枪架上,表尺装定在"3"码,对100m远处的精度靶纸进行瞄准射击,对目标靶纸以单发射击,共射击4发。图2-50所示为系统采集到的初始目标靶纸图像,图2-51所示为系统采集到的有1发子弹命中的靶纸图像,图2-52所示为减影处理的结果图像。

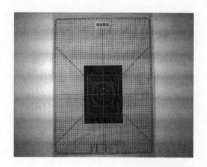

图 2-50　初始目标靶纸图像

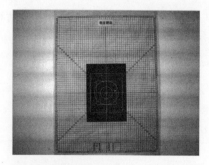

图 2-51　有 1 发子弹命中的靶纸图像

图 2-52　减影处理后的结果图像

程序再对图 2-50 的初始目标靶纸图像和图 2-52 减影处理后的结果图像进行相应的图像预处理及图像识别,最终获得首发弹丸命中目标靶纸的弹孔坐标为 $k_1(4.3,1.0)$ cm。图 2-53 所示为 4 发子弹结束后的目标靶纸图像。

按照上述方法,可得到另外 3 发子弹的弹孔坐标,分别为 $k_2(5.3,-2.2)$ cm、$k_3(6.1,7.0)$ cm 和 $k_4(-0.4,2.9)$ cm。经计算,这 4 个弹孔的平均弹着点坐标为 $\overline{k}(3.8,2.2)$ cm,再求得平均弹着点到目标靶纸中心的距离为 4.39cm,小于射击准确度合格标准 5cm,证明该枪为合格产品。

射击密集度考核试验时,射手在室外靶场,以卧姿有依托对 100m 处的目标靶纸进行单发瞄准射击,每靶共射击 20 发子弹。图 2-54 所示为 20 发子弹结束后的目标靶纸图像,按照上述方法,可得到这 20 发子弹的弹孔坐标,如表 2-1 所列。

表 2-1　20 发子弹的弹孔坐标

i/发	1	2	3	4	5	6	7	8	9	10
x_i/cm	5.4	10.2	11.9	6.9	2.8	13.2	10.4	8.6	3.2	5.4
y_i/cm	6.8	12.1	12.8	13.3	13.3	11.9	14.7	14.9	17.1	16.6

i/发	11	12	13	14	15	16	17	18	19	20
x_i/cm	8.0	12.9	11.6	16.3	13.9	4.1	8.8	10.9	11.8	11.5
y_i/cm	16.1	15.8	16.5	17.1	17.4	20.3	19.2	21.1	20.7	21.5

注:(x_i, y_i)表示第 i 发子弹的弹孔坐标

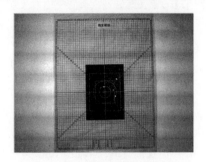 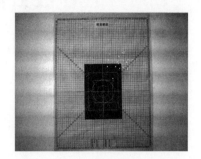

图 2-53　4 发子弹结束后的　　　　图 2-54　20 发子弹结束后的
　　　　目标靶纸图像　　　　　　　　　　目标靶纸图像

　　经计算,这 20 个弹孔的散布圆中心坐标为 K_c(9.4,15.6)cm。再分别求得平均弹着点与每一发子弹弹孔的距离,由此得到该枪的半数散布圆半径 R_{50}(是以散布圆中心为圆心,包括 50% 弹着点的圆)=4.7cm,小于射击密集度合格标准 5cm,证明该枪为合格产品。

　　通过以上射击准确度和密集度考核试验,证明了本套枪械射击精度测试子系统的可行性。

第 3 章　基于射击效率的枪械系统
作战效能分析方法

武器射击效率是用在一定的条件下完成作战任务程度来描述的,主要由武器的命中概率和武器所发射的弹药在命中目标条件下毁伤概率两部分组成。命中概率取决于武器的瞄准、射击精度、所对付目标的机动性,毁伤概率取决于弹药的威力和所对付目标的防护能力。

在不同的射击条件下,武器系统完成作战任务的程度不同,即射击效率不同,为定量地表示和分析射击效率,通常采用一个数值来表示,此数值即称为射击效率指标。选定射击效率指标时,一般遵循以下原则:

(1) 尽可能全面地反映当时对射击效率的要求。

(2) 所选定的射击效率指标要尽量少,以便综合评定射击效率。

(3) 选定的射击效率指标要便于计算。

本章针对陆军小分队实际作战的特点,采用射击效率评定方法,针对一对一、一对多和多对一的 3 种枪械实际射击状况,并充分考虑敌对人员目标的 7 种不同状态,分别建立不同射击条件下的枪械命中概率模型和命中条件下的毁伤概率模型,给出基于射击效率的枪械系统作战效能分析方法。

3.1　基本假设和战场想定

枪械系统作战效能是枪械系统在确定的作战环境,即作战想定中完成具体作战任务的能力,因而在评估前,必须对系统进行一定的基本假设和战场想定。战场想定为:拟评定的枪械系统处于防御阵地,敌步兵小分队在一个面积为 A 的区域内,区域内初始人员数目为 n,并在 A 区域内敌人员均匀分布。枪械系统的射击方式为阵地固定,作战过程中,敌小分队成员不断地射击—机动—射击。

3.2　枪械系统的弹道散布及数学模型

在外界条件恒定不变的情况下,由同一射手实施多次重复射击,即使武器、弹药和瞄准点均相同,弹着点也互不重合,而是在一定的范围内,这种现象称为弹道的自然散布,简称为弹道散布。

弹道散布不可避免,造成弹道散布的因素主要分为以下 3 类:

(1)造成初速不一致的因素包括:发射药重量、弹丸重量、发射药理化性能、发射药温度、弹壳容积的不一致。

(2)造成发射角及发射方向不一致的诸因素:包括高低和方向的瞄准、标尺的装定、武器的侧倾、武器的发射差角和方向偏差、枪管的角振动。

(3)影响弹丸在空气中飞行的诸因素:气象条件(风)的变化、弹丸的重量、形状。

3.2.1 弹道散布及集束弹道

由射弹自然散布得到的射弹弹道的总和为集束弹道,用某一个平面横切集束弹道,可获得许多落点(弹着点),这些落点彼此相距一定的距离并占据一定的平面,称为散布面。在垂直面上称为垂直散布面,分为高低散布和方向散布;在水平面上称为水平散布面,分为距离散布和方向散布,如图 3-1 所示。平均弹道是通过集束弹道中心的一条弹道(设想的),见图 3-1 中的 OC。在散布面上,通过平均弹着点做两条相互垂直的直线,使每条直线两边的弹着数相等,且纵线与射面(通过射线的垂直面)一致。在垂直散布面上,分为垂直散布轴线和水平散布轴线;在水平散布面上,分为纵轴和横轴。

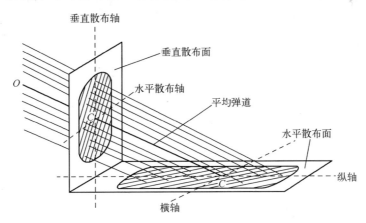

图 3-1 散布面、平均弹道和散布轴示意图

3.2.2 弹道散布的规律

根据实弹射击试验,可得到弹道散布的规律如下。

（1）弹着点散布不均匀：越接近散布中心，弹着点分布越密；距离散布中心越远，分布越稀。

（2）弹着点散布对称：在离散布轴距离相等且彼此平行的散布界内，其弹着点大致相等。

（3）散布面有一定范围：其形状为椭圆形，一般情况下，在垂直面上，高低散布大于方向散布。

在水平面上，距离散布大于方向散布。距离越远，散布范围越大。

3.2.3　弹道散布的数值表征

常用的弹道散布数值表征量有公算偏差、散布中心和散布椭圆。

1. 公算偏差及计算模型

公算偏差是描述射弹散布范围大小的基本特征量，它是与任意散布轴线相邻接，并包含全部弹着 25% 的界限。在垂直散布面上分为高低公算偏差和方向公算偏差；在水平散布面上分为距离公算偏差和方向公算偏差。

1）距离公算偏差 B_y

根据外弹道学理论，对地面目标进行射击时，其射程由初速 v_0、高低瞄准角 α_0 和弹道系数 C（纵风、气温和气压）等因素决定，因而距离公算偏差是初速 v_0、瞄准角 α_0 和弹道系数 C 的散布函数，即

$$B_y = \sqrt{(B_{v_0} \cdot \Delta Y_{v_0})^2 + (B_{\alpha_0} \cdot \Delta Y_{\alpha_0})^2 + (B_{COE} \cdot \Delta Y_{COE})^2} \quad (3.1)$$

式中：B_{v_0} 为初速的散布公算偏差；B_{α_0} 为瞄准角的散布公算偏差；B_{COE} 为弹道系数的散布公算偏差；ΔY_{v_0} 为射程对初速 v_0 的敏感因子；ΔY_{α_0} 为射程对瞄准角 α_0 的敏感因子；ΔY_{COE} 为射程对弹道系数 C 的敏感因子。

利用弹道微分方程组计算敏感因子，取因素变化一个单位，计算射程和方向的变化量，即是敏感因子。

2）高低公算偏差 B_z

高低公算偏差与距离公算偏差之间的关系如图 3-2 所示。

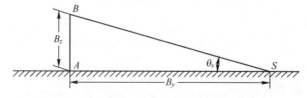

图 3-2　高低公算偏差与距离公算偏差之间的关系

图中算出了两个弹道,彼此相隔一个公算偏差的距离,AB 为高低公算偏差,AS 为距离公算偏差。若将落点附近的一段弹道近似地看作直线,此时 B_z 和 B_y 之间有下列关系

$$B_z = B_y \cdot \tan\theta_s \text{ 或 } B_y = B_z/\tan\theta_s$$

式中:θ_s 为弹道落角。

对射击武器来说,其落角很小,小角的正切值可近似地用该角除以 1000 代替,因此 B_z 和 B_y 的关系式又可表达为

$$B_z = B_y \cdot \theta_s/1000 \tag{3.2}$$

则

$$B_y = B_z \cdot 1000/\theta_s \tag{3.3}$$

3) 方向公算偏差 B_x

根据外弹道学理论,射弹散布的方向公算偏差主要由水平瞄准角 β_0、风速横向分量 v_{wx} 的公算偏差决定,因而方向公算偏差的公式为

$$B_x = \sqrt{(B_{\beta_0} \cdot \Delta X_{\beta_0})^2 + (B_{v_{wx}} \cdot \Delta X_{v_{wx}})^2} \tag{3.4}$$

式中:B_{β_0} 为水平瞄准角的散布公算偏差;$B_{v_{wx}}$ 为风速横向分量散布公算偏差;ΔX_{β_0} 为水平位移对水平瞄准角 β_0 的敏感因子;$\Delta X_{v_{wx}}$ 为水平位移对风速横向分量 v_{wx} 的敏感因子。

2. 散布中心及计算模型

散布中心为平均弹道与目标表面的交点,通常采用平均弹着点作为射弹的散布中心,其计算模型为

$$\begin{cases} x_c = \dfrac{1}{n} \sum_{i=1}^{n} x_i \\ z_c = \dfrac{1}{n} \sum_{i=1}^{n} z_i \end{cases} \tag{3.5}$$

式中:(x_c, z_c) 为散布中心(平均弹着点)坐标;(x_i, z_i) 为第 i 个弹着点坐标;n 为弹着点的个数。

根据误差定理,若已知射弹散布在某一方向的公算偏差,则散布中心的公算偏差为

$$R = B/\sqrt{n} \tag{3.6}$$

式中:R 为散布中心误差在某一方向上的公算偏差;B 为射弹散布在某一方向上的公算偏差。

3. 散布椭圆及计算模型

由于弹道散布在任意方向上均遵循标准正态分布,因此由两个方向上的散布同时作用,即可得到散布椭圆。由距离散布和方向散布组成的是水平散布椭圆,由高低散布和方向散布组成的是垂直散布椭圆。

方向散布和高低(距离)散布的概率密度函数分别为

$$f(x) = \frac{\rho}{B_x \sqrt{\pi}} e^{-\rho^2 \frac{x^2}{B_x^2}} \qquad (3.7)$$

$$f(z) = \frac{\rho}{B_z \sqrt{\pi}} e^{-\rho^2 \frac{z^2}{B_z^2}} \qquad (3.8)$$

高低(距离)散布和方向散布互相独立且相互垂直,它们的联合分布密度为

$$f(x,z) = \frac{\rho^2}{B_x B_z \pi} e^{-\rho^2 \left(\frac{x^2}{B_x^2} + \frac{z^2}{B_z^2} \right)} \qquad (3.9)$$

设

$$x^2/B_x^2 + z^2/B_z^2 = k^2 \qquad (3.10)$$

由此可得射弹散布椭圆的标准椭圆方程

$$\frac{x^2}{k^2 B_x^2} + \frac{z^2}{k^2 B_z^2} = 1 \qquad (3.11)$$

式中:k 为椭圆的调整系数($k \neq 0, \infty$)。

3.3　枪械系统射击效率评定模型的建立

3.3.1　枪械射击命中概率的计算模型

预期命中弹数和发射弹数的比值,称为命中概率。它表示在一定的射击条件下,命中目标的可能性,通常用百分数表示。命中概率取决于目标大小、散布面大小、射击方向以及散布中心对目标中心的相对位置。命中概率的计算方法有近似法和公式法两类,其中近似法又分为按散布中央半数必中界求命中概率、用散布梯尺求命中概率和用散布网求命中概率 3 种。由于公式法计算准确,便于编程,因而采用公式法求解枪械射击的命中概率。

1. 人体目标的体形系数

由于射击效率指标是以人体目标的杀伤效果进行评定的,而人体不是规则的长方形,进行计算前,必须首先确定人体目标的体形系数。目标的体形系数为

$$k_{\mathrm{person}} = \frac{S_s}{S} \tag{3.12}$$

式中:S_s 为目标的实际面积;S 为目标的矩形面积。

表 3-1 所列为各种典型人体目标的体形系数。

表 3-1　各种典型人体目标的体形系数

项　　目		人头目标	人胸目标	半身目标	跑步目标（正）	跑步目标（侧）	全身目标	机枪+人目标
目标	宽/cm	50	50	50	50	50	50	75
	高/cm	30	50	100	150	150	170	55
引申目标	宽/cm	42	42	45	45	36	44	61
	高/cm	26	42	89	134	111	148	44
人形系数		0.73	0.72	0.80	0.80	0.53	0.76	0.65

2. 单枪对单个目标射击的命中概率模型(一对一)

假设散布椭圆和目标分别用空心椭圆和阴影部分表示,平均弹道在散布椭圆的中心。图 3-3 所示为散布椭圆和目标的关系图。

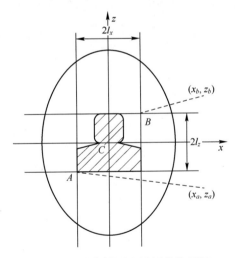

图 3-3　散布椭圆和目标的关系图

单发时,有

$$p_{1-1,j_r=1}(x,z) = \int_{-l_x}^{l_x} \int_{-l_z}^{l_z} \frac{\rho^2}{\pi B_H B_V} \mathrm{e}^{-\rho^2 \left[\frac{x^2}{B_H^2} + \frac{z^2}{B_V^2}\right]} \, \mathrm{d}x \mathrm{d}z \tag{3.13}$$

式中:$p_{1-1,j_r=1}$为单发的命中概率;(x_a,z_a)为目标左下角的坐标;(x_b,z_b)为目标右上角的坐标;$2l_x$为目标的宽度;$2l_z$为目标的高度;B_H为方向公算偏差;B_V为高低公算偏差;ρ为正态常数,并满足以下关系式:

$$\frac{2}{\sqrt{\pi}}\int_0^\rho e^{-t^2}dt = 0.5$$

$$\rho = 0.476936$$

平均弹道与目标中心重合时,有

$$p_{1-1,j_r=1}(x_c,z_c) = \int_{-l_x}^{l_x}\int_{-l_z}^{l_z}\frac{\rho^2}{\pi B_H B_V}e^{-\rho^2\left[\frac{x^2}{B_H^2}+\frac{z^2}{B_V^2}\right]}dxdz = \frac{1}{4}\Phi\left(\frac{l_x}{B_H}\right)\cdot\Phi\left(\frac{l_z}{B_V}\right)$$

(3.14)

Φ值可用下式进行计算,即

$$\Phi(\beta) = 1-\left(1+\sum_{i=1}^6 a_i\beta^i\right)^{-16}$$

(3.15)

其中

$$a_1 = 3.363501440\times10^{-2}, a_2 = 9.617813719\times10^{-3}$$

$$a_3 = 1.005739488\times10^{-3}, a_4 = 7.865490705\times10^{-6}$$

$$a_5 = 6.824996399\times10^{-6}, a_6 = 5.068383342\times10^{-7}$$

若$\beta<0$,则取其绝对值代入式(3.15)计算,且有$\Phi(-\beta)=-\Phi(\beta)$。

平均弹道与目标中心不重合时,设平均弹道的误差为(x_c,z_c),有

$$p_{1-1,j_r=1}(x+x_c,z+z_c) = \int_{-l_x}^{l_x}\int_{-l_z}^{l_z}\frac{\rho^2}{\pi B_H B_V}e^{-\rho^2\left[\frac{(x-x_c)^2}{B_H^2}+\frac{(z-z_c)^2}{B_V^2}\right]}dxdz$$

$$= \frac{1}{4}\left[\Phi\left(\frac{x_c+l_x}{B_H}\right)-\Phi\left(\frac{x_c-l_x}{B_V}\right)\right]$$

(3.16)

$$\cdot\left[\Phi\left(\frac{z_c+l_z}{B_H}\right)-\Phi\left(\frac{z_c-l_z}{B_V}\right)\right]$$

考虑人形系数时的命中概率,有

$$p_{j_r=1} = k_{j_r=1}\cdot p_{j_r=1}$$

(3.17)

设m为发射弹数,若每一发子弹的平均弹道重合,则连发时的命中概率为

$$p_{1-1,j_r} = 1-(1-p_{1-1,j_r=1})^m$$

(3.18)

实际连发时,每一发子弹的平均弹道不可能重合,且第2发子弹以后的各发子弹的散布比第1发子弹大,设$p_{1-1,1},p_{1-1,2},\cdots,p_{1-1,m}$分别表示第$1,2,\cdots,m$发子弹的单发命中概率,此时,连发子弹的命中概率为

$$p_{1-1,j_r} = 1 - \prod_{j_r=1}^{m} (1 - p_{1-1,j_r}) \tag{3.19}$$

3. 单枪对小分队(集群)目标射击的命中概率模型(一对多)

战斗中,若多个目标相对集中,此时作战人员通常采用正面人工散布的方式实施射击任务。设目标的分布范围为一个长方形区域,如图 3-4 所示的 *ABCD* 的阴影部分。求解命中概率前,首先进行如下假设:目标区域内有 n 个均匀分布的敌方目标;所有的射弹均落在人工散布范围内,且在此范围内的散布均匀。

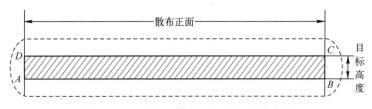

图 3-4　正面人工散布面和目标的分布图

长方形区域 *ABCD* 的面积 S 等于目标高度 $2l_z$ 与人工散布正面宽度 $2l_x$ 的乘积,即

$$S = 2l_z \cdot 2l_x \tag{3.20}$$

长方形的横向宽度等于人工散布的正面宽度,长方形的高度等于目标高度 $2l_z$,长方形的宽度等于目标高度 $2l_x$,长方形的命中概率为

$$p_{l-n_t} = \int_{-l_x}^{l_x} \int_{-l_z}^{l_z} \frac{\rho^2}{\pi k_H B_H B_V} e^{-\rho^2 \left[\frac{x^2}{(k_H B_H)^2} + \frac{z^2}{B_V^2} \right]} \, \mathrm{d}x \mathrm{d}z = \frac{1}{4} \Phi \left(\frac{l_x}{k_H B_H} \right) \cdot \Phi \left(\frac{l_z}{B_V} \right) \tag{3.21}$$

式中:k_H 为常系数(正面散布射时,水平公算偏差的放大倍数),取值范围为 1.5~2,一般取为 1.75。

设第 i 个敌方目标的面积为 s_i,命中概率为 p_{1-n_t,i_t},由于敌方目标在长方形区域内均匀分布,因此该敌方目标的命中概率与长方形的命中概率有如下关系式,即

$$\frac{p_{1-n_t,i_t}}{p_{1-n_t}} = \frac{s_i}{S} = \frac{s_i}{2l_z \cdot 2l_x} \tag{3.22}$$

由此得单个敌方目标的命中概率

$$p_{1-n_t,i_t,j_r=1} = \frac{s_i \cdot p_{1-n_t}}{2l_z \cdot 2l_x} \tag{3.23}$$

单枪单发对集群目标实施正面人工散布射击的命中概率 $p_{1-n_t,j_r=1}$ 为

$$p_{1-n_t, j_r=1} = \sum_{i_t=1}^{n_t} p_{1-n_t, i_t, j_r=1} \tag{3.24}$$

设连发的弹数为 m，实施正面人工散布射击后，仅有 m' 发子弹落在长方形目标区域内，则连发时的命中概率为

$$p_{1-n_t, j_r} = \left[1 - \prod_{j_r=1}^{m} \left(1 - p_{1-n_t, j_r} \right) \right] \cdot \frac{m'}{m} \tag{3.25}$$

4. 小分队对单个目标射击的命中概率模型(多对一)

在战斗中，若多个作战人员同时发现单个敌目标，此时作战人员可能同时对敌目标实施射击任务。此时的射击任务可分解成若干个单枪对单目标的射击任务的集成，即可先简化成一对一命中概率的计算模型，然后再相加。

设有 n 个作战人员同时发现目标，$p_{n_G-1, j_r=1, i_G}$ 表示第 i 个作战人员对目标的命中概率，则小分队对单个目标射击的命中概率为

$$p_{n_G-1, j_r=1} = \sum_{i_G=1}^{n_G} p_{n_G-1, j_r=1, i_G} \tag{3.26}$$

考虑连发时，设 $p_{n_G-1, i_G, 1}, p_{n_G-1, i_G, 2}, \cdots, p_{n_G-1, i_G, m}$ 表示第 i 个作战人员实施连发射击时第 $1, 2, \cdots, m$ 发子弹的命中概率，则此时的命中概率为

$$p_{n_G-1, i_G, j_r} = \sum_{i_G=1}^{n_G} \left[1 - \prod_{j_r=1}^{m} \left(1 - p_{n_G-1, i_G, j_r} \right) \right] \tag{3.27}$$

3.3.2　命中条件下毁伤概率的计算模型

命中条件下的毁伤概率是指目标被击中后立即或在数十秒内丧失战斗力的概率，主要用于描述弹头或破片使击中者丧失战斗力的能力。丧失战斗力，是指作战人员的伤情使之不能继续执行指派的任务。在大多数情况下，从人员被命中至肌体失去协调，即丧失战斗力，都需经历一定的时间。在给定的时间内，命中条件下的毁伤概率主要取决于弹头或破片传递的能量、中弹部位和战斗条件。

通常情况下，判断作战人员的致伤效应主要有动能、比动能和 A-S 模型 3 种判断方法，分别介绍如下：

（1）动能判据。该判据是致伤能量的临界值，对人员杀伤的动能 E_S 一般取为 78~98J，即投射物命中目标时的动能小于此值则不能杀伤；命中时的动能大于此值则可达到杀伤目的。

（2）比动能判据。该判据是破片的着靶动能与着靶面积的比值。由于破片是多边形，旋转飞行，故着靶面积是随机变量。破片的比动能为

$$e_y = \frac{E_y}{s} \tag{3.28}$$

式中:E_y 为破片的着靶动能;s 为着靶面积的数学期望值。

对人员杀伤的比动能 e_y 一般取为 $1.27\sim 1.47\mathrm{MJ/m^2}$。

（3）A–S 判据。该判据是美国 F. Allen 和 J. Sperrazza 1956 年提出的、综合考虑了人员目标、战术任务（突击、防御、预备队）和从受伤到丧失战斗力时间间隔的判断模型,命中条件下的杀伤概率为

$$P_{\mathrm{hk}} = 1 - \mathrm{e}^{-a(9.17\times 10^4 mv^{1.5} - b)^n} \qquad (3.29)$$

式中:m 为破片的质量(kg);v 为破片撞击人员目标时的速度(m/s);a,b,n 为取决于不同战术情况的常数(表 3-2)。

表 3-2　4 种典型情况的 a、b、n 表

序号	丧失战斗力时间		a	b	n
1	防御	30s	8.8871×10^{-4}	31400	0.45106
2	突击	30s	7.6442×10^{-4}	31000	0.49570
	防御	5min			
3	突击	5min	1.0454×10^{-3}	31000	0.48781
	防御	30min			
	防御	0.5 天			
4	后勤保障	0.5 天	2.1973×10^{-3}	29000	0.44350

3.3.3　枪械射击效率的计算模型

枪械最终的射击效率 p_{se} 由枪械射击的命中概率 p 和命中条件下的毁伤概率 p_{hk} 两部分组成,其计算模型为

$$p_{se} = p \cdot p_{hk} \qquad (3.30)$$

3.4　计 算 实 例

选用轻机枪及 4 种不同类型的步枪——枪 1、枪 2、枪 3 和美国 M16A1 式 5.56mm 步枪(用枪 4 表示),组建成 4 种不同类型的陆军小分队,从射击效率的角度对单枪对单个目标、单枪对小分队及小分队对单目标 3 种情况分别进行作战效能对比分析,计算不同武器在不同状况下的毁伤程度。

3.4.1　单枪对单个目标（一对一）的对比分析

4 种枪械的基本数据见表 3-3,我方人员发现敌目标后,对其进行点射(三

连发)。敌目标处于隐蔽、半隐蔽或全部暴露等状态,大致可分为 7 种类型:人头、人胸、半身、正面跑步、侧面跑步、全身以及机枪+人目标。

表 3-3　4 种枪械的基本数据

项　　目		枪 1		枪 2		枪 3		枪 4	
		均值	标准差	均值	标准差	均值	标准差	均值	标准差
初速/(m/s)		710	24.8	720	35.5	920	30.3	997	12
高低瞄准角/密位	第 1 发	7.8	0.005	7.9	0.008	6.1	0.005	3.176	0.003
	第 2 发	25.5	0.017	21.9	0.022	17.3	0.015	20.88	0.014
	第 3 发	43.2	0.029	36.9	0.037	29.8	0.025	38.58	0.025
水平方向角/密位	第 1 发	0	0.005	0	0.008	0	0.005	0	0.003
	第 2 发	10.2	0.008	9.0	0.009	7.5	0.008	8.35	0.006
	第 3 发	20.5	0.017	16.7	0.017	13.7	0.014	18.31	0.015
弹道系数		8.232	0.041	8.232	0.041	8.202	0.041	9.812	0.049
风速的水平分量/(m/s)		7	1	7	1	7	1	7	1
子弹的质量/g		7.9		7.9		4.2		3.56	
落速/(m/s)		389		374		573		578	

　　根据 3.3.1 节的计算模型,即可分别计算出 3 种不同枪械对上述 7 类目标点射的命中概率,结果见图 3-5。再根据 3.3.2 节的命中条件下的毁伤概率模型,可求出不同枪械对不同目标点射的毁伤概率,结果见图 3-6。图中横坐标1、2、3、4、5、6、7 分别代表人头、人胸、半身、正面跑步、侧面跑步、全身以及机枪+人目标。

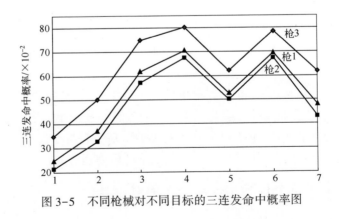

图 3-5　不同枪械对不同目标的三连发命中概率图

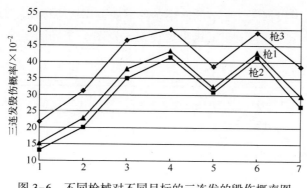

图 3-6　不同枪械对不同目标的三连发的毁伤概率图

3.4.2　单枪对小分队（一对多）的对比分析

单枪对多目标的射击任务通常采用正面散布的方式,对比分析前,需要进行如下假设:目标共有 9 人,其中 1 人为正面跑步目标,2 人为侧面跑步目标,2 人为半身目标,2 人为人胸目标,1 人为人头目标,1 人为人+机枪目标;目标组成的散布面为长方形,其长为 15m,宽为 2m;发现目标后,作战人员对目标进行散布射击,射击的子弹数为 30 发;所有的射弹均落在散布面范围内,且在此范围内的散布均匀。

根据 3.3.1 节计算模型,可分别计算出 3 种不同枪械对上述假设条件下的命中概率,再根据 3.3.2 节命中条件下的毁伤概率模型,可求出不同枪械在上述假设条件下的毁伤概率,结果如表 3-4 所列。

表 3-4　不同枪械正面散布射的命中概率及毁伤概率

项　　目	枪 1	枪 2	枪 3
命中概率/%	9.513	15.780	25.437
毁伤概率/%	5.852	9.686	15.864

3.4.3　小分队对单个目标（多对一）的对比分析

战斗中,多个作战人员同时发现单个敌目标,并同时向此敌目标实施射击任务。对比分析前,需进行如下假设:同时发现同一敌目标的作战人员有两个;敌目标处于隐蔽、半隐蔽或全部暴露等状态,分为 7 种类型:人头、人胸、半身、正面跑步、侧面跑步、全身以及机枪+人目标;发现目标后,两个作战人员同时对敌目标进行点射(三连发)。

根据 3.3.1 节的计算模型,即可分别计算出 3 种不同枪械对上述假设条件下的命中概率,再根据3.3.2节的命中条件下的毁伤概率模型,可求出不同枪械在上述假设条件下的毁伤概率,结果见表3-5及图3-7和图3-8。

表3-5　不同枪械对不同目标实施多对一射击的命中概率及毁伤概率表

	项　目	人头目标	人胸目标	半身目标	跑步目标（正）	跑步目标（侧）	全身目标	机枪+人目标
枪1	命中概率/%	49.368	74.172	100	100	100	100	96.292
	毁伤概率/%	30.371	45.629	61.519	61.519	61.519	61.519	59.237
枪2	命中概率/%	42.883	65.482	100	100	100	100	85.899
	毁伤概率/%	26.322	40.194	61.382	61.382	61.382	61.382	52.727
枪3	命中概率/%	69.540	100	100	100	100	100	100
	毁伤概率/%	43.370	62.366	62.366	62.366	62.366	62.366	62.366

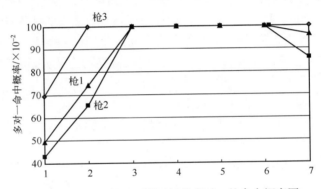

图3-7　不同枪械对不同目标的多对一的命中概率图

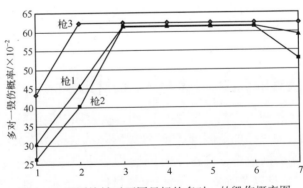

图3-8　不同枪械对不同目标的多对一的毁伤概率图

第4章 枪械系统静态作战效能分析方法

由于作战效能评估是一项复杂的系统工程,在评估过程中具有许多不确定因素,针对陆军小分队实际作战的特点,采用美国工业界武器系统效能咨询委员会提出的 WSEIAC 模型,应用随机过程理论的柯尔莫哥洛夫前进方程,结合层次分析法和模糊综合评定法,建立了枪械系统静态作战效能评估模型,综合分析了枪械重量、枪械长度、士兵持枪转移速度、有效射程、枪口动能、战斗射速、命中公算等因素的影响,对陆军小分队的枪械系统进行了静态作战效能评估分析。

另外,在实际作战过程中,特别是陆军小分队的实际作战过程中,参战人员自身因素在很大程度上影响着整个枪械系统作战效能的发挥。因而针对参战人员自身对枪械系统作战效能的影响因素特点,采用概率与统计理论的蒙特卡罗方法,将参战人员的士气、身高、对武器操作的熟练程度、作战经验等随机影响因素进行量化处理,量化成服从正态分布的能力值随机序列,再与枪械系统的静态作战效能评估模型结合,建立了考虑参战人员自身影响因素条件下的枪械系统静态作战效能分析模型,给出了参战人员自身随机影响因素作用下的枪械系统静态作战效能分析方法,对陆军小分队枪械系统进行了更接近于实战的作战效能分析。

4.1 基本假设和战场想定

基本战场想定为:陆军小分队在城市街巷进行进攻和防御战斗,分析过程中,不包含特殊武器,不考虑空中及火炮等其他外围火力支援。陆军小分队由 18 个队员、2 架轻机枪、16 杆枪组成,每个人和每架/杆枪组成一个枪械子系统,共 18 个枪械子系统。进攻小分队在离开驻地后,经过一段时间的行军进入战区,并以计划好的战术对防御小分队进行火力打击,其间包括:构筑工事进行射击准备、执行射击任务及转移战斗队形等循环过程。

4.2 枪械系统静态作战效能评估数学模型的建立

4.2.1 静态作战效能评估的总模型

根据 WSEIAC 模型,枪械系统作战效能为

$$E = A \cdot D \cdot C \tag{4.1}$$

式中:A 为可用度向量,是枪械系统在开始作战时所处状态的度量;D 为可信赖矩阵,是已知枪械系统作战开始时所处状态的条件下,在作战过程中所处状态的度量;C 为作战能力向量,是已知枪械系统作战过程中所处状态的条件下,枪械系统完成规定作战任务的能力的度量。

4.2.2 可用度向量 A 的计算模型

可用度向量是枪械系统在开始作战时所处状态的度量,是一个行向量,可用系统在开始执行任务时枪械系统的状态概率表示。

由于各枪械子系统在执行任务时的工作状态只有"正常"和"故障"两种状态,因此,可用式(4.2)描述其是否可用,即

$$\begin{cases} a_{10} = \dfrac{MTBF}{MTBF+MTTR} \\[2mm] a_{1E} = \dfrac{MTTR}{MTBF+MTTR} \end{cases} \tag{4.2}$$

式中:a_{10},a_{1E} 分别为枪械子系统的可用概率和不可用概率;MTBF 为子系统的平均故障间隔时间,是指可修复的子系统在相邻两次故障间的平均工作时间;MTTR 为子系统的平均故障修复时间,是指子系统从出现故障到恢复正常所需时间的平均值。

根据基本假设和战场想定,该系统由 2 个轻机枪和 16 个步枪子系统并联组成,若仅考虑轻机枪子系统,其工作状态可分为 3 种,初始可用度向量 A_q 可表示为

$$A_q = (a_{q_1}, a_{q2}, a_{q3}) \tag{4.3}$$

式中:a_{q_i} 为轻机枪子系统处于 i 状态的概率,其计算公式为

$$a_{q_i} = C_3^{3-(i-1)} a_{q_{10}}^{3-(i-1)} (1-a_{10})^{i-1} = C_3^{3-i+1} a_{q_{10}}^{3-i+1} (1-a_{10})^{i-1} \tag{4.4}$$

若仅考虑步枪子系统,其工作状态可分为 17 种,初始可用度向量 A_b 可表示为

$$A_b = (a_{b_1}, a_{b_2}, \cdots, a_{b_i}, \cdots, a_{b_{17}}) \tag{4.5}$$

式中:a_{b_i} 为步枪子系统处于 i 状态的概率,其计算公式为

$$a_{b_i} = C_{17}^{17-(i-1)} a_{10}^{17-(i-1)} (1-a_{10})^{i-1} = C_{17}^{17-i+1} a_{10}^{17-i+1} (1-a_{10})^{i-1} \tag{4.6}$$

若考虑整个枪械系统,其工作状态分为 51 种,初始可用度向量 A 可表示为

$$A = (a_1, a_2, \cdots, a_i, \cdots, a_{51}) \tag{4.7}$$

式中:a_i 为枪械系统处于 i 状态的概率,其计算公式为

$$a_i = a_{qj} \times a_{bk} \tag{4.8}$$

式中:$i = 1 \sim 17$ 时,$j = 1$,$k = i$;$i = 18 \sim 34$ 时,$j = 2$,$k = i - 17$;$i = 35 \sim 51$ 时,$j = 3$,$k = i - 34$。

4.2.3 可信赖矩阵 D 的计算模型

可信赖矩阵是已知枪械系统作战开始时所处状态的条件下,在作战过程中所处状态的度量,可描述为

$$D = \begin{bmatrix} d_{11}(t) & d_{12}(t) & \cdots & d_{151}(t) \\ d_{21}(t) & d_{22}(t) & \cdots & d_{251}(t) \\ \vdots & \vdots & & \vdots \\ d_{i1}(t) & d_{i2}(t) & & d_{i51}(t) \\ \vdots & \vdots & & \vdots \\ d_{511}(t) & d_{512}(t) & \cdots & d_{5151}(t) \end{bmatrix} \tag{4.9}$$

式中:$d_{ij}(t)$ 为枪械系统在开始战斗时处于状态 i,战斗至 t 时刻系统处于状态 j 的概率。

根据随机过程理论的柯尔莫哥洛夫前进方程,枪械系统各状态的转移概率满足

$$\frac{\mathrm{d}p_{ij}(t)}{\mathrm{d}t} = \sum_{\substack{k \neq j \\ k \in i}} q_{kj}p_{ik}(t) - q_j p_{ij}(t) \tag{4.10}$$

式中:q_{kj} 为系统由 k 状态向 j 状态的转移强度;$p_{ik}(t)$ 为系统由 i 状态向 k 状态的转移概率;q_j 为系统由 j 状态转出的转出强度;$p_{ij}(t)$ 为系统由 i 状态向 j 状态的转移概率。

将式(4.10)整理后,得微分方程

$$\frac{\mathrm{d}P(t)}{\mathrm{d}t} = UP(t) \tag{4.11}$$

式中:$P(t) = \begin{bmatrix} p_1(t) & p_2(t) & \cdots & p_{51}(t) \end{bmatrix}^{\mathrm{T}}$;

U 为系统转移强度矩阵 Q 的转置,可描述为

$$U = \begin{bmatrix} -q_1 & q_{21} & \cdots & q_{511} \\ q_{12} & -q_2 & \cdots & q_{512} \\ \vdots & \vdots & & \vdots \\ q_{151} & q_{251} & \cdots & -q_{51} \end{bmatrix} = Q^{\mathrm{T}} \tag{4.12}$$

因而,枪械系统在开始执行任务时,由状态 $1,2,\cdots,51$ 向其他各状态的转移概率分别为微分方程式(4.11)在下列初始条件下的解,即

$$P_1(0) = \begin{bmatrix} 1 \\ 0 \\ 0 \\ \vdots \\ 0 \end{bmatrix}, \quad P_2(0) = \begin{bmatrix} 0 \\ 1 \\ 0 \\ \vdots \\ 0 \end{bmatrix}, \quad \cdots, \quad P_{51}(0) = \begin{bmatrix} 0 \\ 0 \\ 0 \\ \vdots \\ 1 \end{bmatrix} \quad (4.13)$$

4.2.4 作战能力向量 C 的计算模型

作战能力向量 C 是已知作战过程中所处状态的条件下,枪械系统完成规定任务能力的度量,其计算模型为

$$C = \begin{bmatrix} c_1 & c_2 & \cdots & c_{51} \end{bmatrix}^T \quad (4.14)$$

式中:c_i 为枪械系统处于状态 i 时完成作战任务的能力,其表达式为

$$c_i = c_{qj} \times c_{bk} \quad (i=1\sim17 \text{ 时},j=1,k=i;i=18\sim34 \text{ 时},j=2,k=i-17;$$
$$i=35\sim51 \text{ 时},j=3,k=i-34)$$

式中:c_{qj} 为轻机枪子系统处于状态 j 时完成作战任务的能力;c_{bk} 为轻机枪子系统处于状态 k 时完成作战任务的能力,其表达式分别为

$$c_{qj} = \frac{c_q \cdot (3-j)}{2} \quad (4.15)$$

$$c_{bk} = \frac{c_b \cdot (17-k)}{16} \quad (4.16)$$

式中:c_q,c_b 分别为轻机枪子系统、步枪子系统的作战能力值,采用层次分析法进行计算。

建立层次分析模型时,将总的作战能力值作为总的目标层(顶层),对总的目标层,按属性分成不同的指标作为准则层(第1层),再对准则层指标进行分解作为子准则层(第2层),依次类推,直到分解到基本的技术指标为止,并将其作为基本的指标层(底层)。枪械子系统的层次分析模型如图4-1所示。

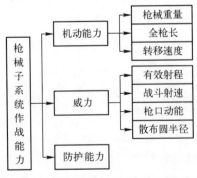

图 4-1　枪械子系统的层次分析模型图

图中,枪械子系统的作战能力值由机动能力、威力和防护能力三部分组成,根据陆军小分队作战机制来分析,这三者关系密切,为串联关系,可采用直接乘积的方法,其计算模型为

$$c = c_m \times c_p \times c_s \tag{4.17}$$

式中:c_m 为机动能力;c_p 为威力;c_s 为防护能力。

机动能力分为枪械重量、全枪长和转移速度三部分,这三者相互间的影响较小,可采用加权求和的方法,其计算模型为

$$c_m = w_w \times c_w + w_l \times c_l + w_v \times c_v \tag{4.18}$$

式中:c_w,c_l,c_v 分别为枪械重量、全枪长和转移速度的能力值;w_w,w_l,w_v 分别为枪械重量、全枪长和转移速度的权重,且

$$w_w + w_l + w_v = 1$$

威力分为有效射程、战斗射速、枪口动能和散布圆半径,这四者相互间的影响较小,采用加权求和的方法,其计算模型为

$$c_p = w_r \times c_r + w_f \times c_f + w_e \times c_e + w_d \times c_d \tag{4.19}$$

式中:c_r,c_f,c_e,c_d 分别为枪械有效射程、战斗射速、枪口动能和散布圆半径的能力值;w_r,w_f,w_e,w_d 分别为枪械有效射程、战斗射速、枪口动能和散布圆半径的权重,且 $w_r + w_f + w_e + w_d = 1$。

在进行枪械子系统作战能力值的求解时,权重采用专家评估和模糊综合评判法来确定;各项指标的能力值采用直线型无量纲化模型,将各指标能力实际值转化成不受量纲影响的相对评价值。由于枪械子系统是由人+枪械组成的,其防护能力主要由人体的战场防护能力决定,而人体的战场防护能力主要取决于防弹头盔、防弹服、三防(核生化)服、阻燃作战服和防刺靴等防护装备,另外取决于靠释放烟幕、实施光路遮障和电磁干扰等主动防护手段,增强防护能力,其涵盖的内容非常复杂。因此在分析时,暂不考虑防护能力的影响,不论枪械为何种类型,均将枪械子系统的防护能力值认为一致,将其无量纲化处理后,得 $c_s = 1$。

4.3 计 算 实 例

选用轻机枪及4种不同类型的步枪——枪1、枪2、枪3和枪4,分别组建成4种不同类型的陆军小分队,对比分析不同枪械系统在作战过程中不同阶段的可用度、作战能力和作战效能。由于具体任务是对比分析不同步枪的作战效能,因此,在分析过程中,假设轻机枪在整个作战过程中始终保持良好的工作状态,不发生故障。

4.3.1　可用度向量 A 的计算

4 种不同类型枪械——枪1、枪2、枪3 和枪4 组成的枪械子系统各阶段的可靠性指标(均为参考值)如表4-1 所列。

表4-1　枪械子系统各阶段的可靠性指标表

枪号	指标	固有	行军	开进	构工射击准备	执行射击	转移战斗队形
枪 1	MTBF	120000	8640	5940	5760	4320	3240
	MTTR	2	2	2	2	5	2
枪 2	MTBF	108000	7800	5340	5220	3900	2940
	MTTR	2	2	2	2	5	2
枪 3	MTBF	144000	10320	7140	6360	4740	3900
	MTTR	2	2	2	2	5	2
枪 4	MTBF	156000	10920	7800	6960	5280	4320
	MTTR	2	2	2	2	5	2

由此可计算出这 4 种枪械系统的初始可用度 A_0,如表4-2 所列。

表4-2　枪械系统的初始可用度 A_0 表

状态	枪 1	枪 2	枪 3	枪 4
1	9.9970×10^{-1}	9.9967×10^{-1}	9.9975×10^{-1}	9.9977×10^{-1}
2	2.8324×10^{-4}	3.1471×10^{-4}	2.3605×10^{-4}	2.1790×10^{-4}
$\vdots$	$\vdots$	$\vdots$	$\vdots$	$\vdots$
16	2.8916×10^{-70}	1.4044×10^{-69}	1.8769×10^{-71}	5.6496×10^{-72}
17	6.0242×10^{-76}	3.2509×10^{-75}	3.2585×10^{-77}	9.0539×10^{-78}

4.3.2　可信赖矩阵 D 的计算

枪械系统为可维修系统,因而转移强度矩阵 Q 满足

$$q_{kj}=\begin{cases}\lambda_i & (k-j=-1)\\ \mu_i & (k-j=1)\\ 0 & (|k-j|\geq2)\end{cases}$$

$q_1=-\lambda_i\,;q_{17}=-\mu_i\,;q_k=-\lambda_i-\mu_i\,,2\leq k\leq16$。

式中:$\lambda=1/\text{MTBF}$,为枪械子系统的故障率;μ 为枪械子系统的修复率($\mu=1/\text{MTTR}$)。

又 $U = Q^T$，因而 U 可以表示为

$$U = \begin{bmatrix} -\lambda_i & \mu_i & 0 & \cdots & 0 & 0 & 0 \\ \lambda_i & -\mu_i-\lambda_i & \mu_i & \cdots & 0 & 0 & 0 \\ 0 & \lambda_i & -\mu_i-\lambda_i & \cdots & 0 & 0 & 0 \\ \vdots & \vdots & \vdots & & \vdots & \vdots & \vdots \\ 0 & 0 & 0 & \cdots & -\mu_i-\lambda_i & \mu_i & 0 \\ 0 & 0 & 0 & \cdots & \lambda_i & -\mu_i-\lambda_i & \mu_i \\ 0 & 0 & 0 & \cdots & 0 & \lambda_i & -\mu_i \end{bmatrix}$$

按照 4.2.3 节所介绍的方法，即可分别求出各枪械在行军、开进、构工射击准备、执行射击任务和转移战斗队形不同阶段的可信赖矩阵 D_1、D_2、D_3、D_4 和 D_5，由此可计算出枪械系统在不同阶段的系统可用度，结果见表 4-3（以枪 3 为例）。

表 4-3　枪械系统在不同阶段的系统可用度表

状态	行军	开进	构工射击准备	执行射击任务	转移战斗队形
1	9.162423×10^{-1}	9.070205×10^{-1}	9.030447×10^{-1}	8.893669×10^{-1}	8.881222×10^{-1}
2	8.157869×10^{-2}	8.996189×10^{-2}	9.354026×10^{-2}	1.057620×10^{-2}	1.068585×10^{-2}
3	1.788186×10^{-3}	2.617877×10^{-3}	3.005793×10^{-3}	4.439712×10^{-3}	4.582087×10^{-3}
⋮	⋮	⋮	⋮	⋮	⋮
14	1.018026×10^{-28}	5.222836×10^{-28}	1.213878×10^{-27}	1.028477×10^{-26}	1.393979×10^{-26}
15	3.937426×10^{-31}	2.058568×10^{-30}	4.838634×10^{-30}	4.211334×10^{-29}	5.742737×10^{-29}
16	1.798110×10^{-33}	8.310435×10^{-33}	1.934582×10^{-32}	1.703136×10^{-31}	2.333650×10^{-31}
17	3.941436×10^{-35}	2.418324×10^{-34}	6.216524×10^{-34}	7.149596×10^{-33}	1.000668×10^{-33}

4.3.3　作战能力向量 C 的计算

4 种枪械的各项基本性能指标（均为参考值）见表 4-4。

表 4-4　枪械各项基本性能指标对照表

枪号	枪械质量 /kg	全枪长 /mm	转移速度 /(m/s)	有效射程 /m	战斗射速/(发/min)		枪口动能 /(kg·m)	散布圆半径 /cm
					单发	连发		
枪 1	3.75	1025	4.58	400	40	100	218	12.25
枪 2	3.5	955	5.2	400	45	115	209	11.34
枪 3	3.5	764	5.67	400	40	100	179	8.75
枪 4	3.81	990	4.55	400	50	100	176	10.5

机动能力与枪械重量、全枪长和转移速度有关,分别选择权重为 0.4、0.2、0.4,威力与有效射程、战斗射速、枪口动能和散布圆半径有关,分别选择权重为 0.3、0.2、0.2、0.3,再采用 4.2.4 节提供的方法即可求出 4 种不同枪械组成的子系统的作战能力值,分别为 0.795、0.915、1、0.826,由此得出 4 种枪械系统效能的能力向量,即

$$\begin{cases} \boldsymbol{C}^1 = \begin{bmatrix} 0.795 & 0.742 & 0.689 & \cdots & 0.106 & 0.053 & 0 \end{bmatrix}^T \\ \boldsymbol{C}^2 = \begin{bmatrix} 0.915 & 0.854 & 0.793 & \cdots & 0.122 & 0.061 & 0 \end{bmatrix}^T \\ \boldsymbol{C}^3 = \begin{bmatrix} 1 & 0.933 & 0.867 & \cdots & 0.133 & 0.067 & 0 \end{bmatrix}^T \\ \boldsymbol{C}^4 = \begin{bmatrix} 0.826 & 0.771 & 0.716 & \cdots & 0.110 & 0.055 & 0 \end{bmatrix}^T \end{cases}$$

4.3.4 枪械系统静态作战效能的计算

最后,根据美国工业界武器系统效能咨询委员会的 WSEIAC 模型 $E = A \cdot D \cdot C$,即可计算出 4 种不同枪械的系统作战效能,表 4-5 给出了在不同作战阶段的结果。

表 4-5 4 种不同枪械系统在不同阶段的作战效能表

枪号	行军	开进	构工射击准备	执行射击任务	转移战斗队形
枪 1	0.78574048	0.78468189	0.78234115	0.78096291	0.78084616
枪 2	0.90323495	0.90189858	0.89785144	0.89617079	0.89602286
枪 3	0.99394857	0.99328601	0.99299569	0.99200807	0.99191516
枪 4	0.82039346	0.81968439	0.81786456	0.81722561	0.81714559

4.4 参战人员自身因素对枪械系统作战效能的影响

在实际的作战过程中,参战人员的自身因素在很大程度上影响着枪械系统作战效能的发挥,而这些因素(主要包括士气、身高、对武器操作的熟练程度、作战经验等)均服从正态分布。本书采用蒙特卡罗方法,模拟作战过程中参战人员的士气、身高、对武器操作的熟练程度、作战经验,以更真实地模拟实际的作战过程,使作战效能的计算结果更真实可信。

4.4.1 蒙特卡罗方法简介

蒙特卡罗(Monte-Carlo)方法,又称为蒙特卡罗模拟、统计试验法、随机模拟等。其基本思想是,把各种随机事件的概率特征(如概率分布、数学期望等)与

数学分析的解联系起来,用试验的方法确定事件的相应概率与数学期望。因而蒙特卡罗方法的突出特点是,概率模型的解是由试验得到的,而不是计算出来的。

蒙特卡罗方法的基本过程是,建立一个概率模型,使待解问题与此概率模型相联系,然后通过随机试验求得某些统计特征值作为待解问题的近似解。

4.4.2 均匀分布随机数的产生

均匀分布的随机数是指在$[0,1]$区间产生均匀分布的数值序列,且这些数值出现的概率相同。随机数产生的方法主要有:人工法、随机数表法、物理方法、数学方法等,其中数学方法包括平方取中法、开方取中法、乘积取中法、固定乘数法、线性同余法等。比较而言,线性同余法产生的随机序列随机性好,算法简单,易于编程,线性同余法还可进一步分为加同余法、乘同余法和混合同余法。由于乘同余法产生的随机序列在随机性、序列周期长度及计算速度等方面,具有良好的性能,因而采用乘同余法产生随机序列。

乘同余法的迭代式为

$$S_{i+1} = (AS_i) \bmod M \tag{4.20}$$

式中:S_0为种子;S_i为第i个随机数;A为乘数;M为模数。

在确定A、S_0、M以后,反复使用式(4.20),可得到各次随机数的迭代式:

$$\begin{cases} S_1 = (AS_0) \bmod M \\ S_2 = (AS_1) \bmod M = (A^2 S_0) \bmod M \\ \vdots \\ S_i = (A^i S_0) \bmod M \end{cases} \tag{4.21}$$

为获得周期长、产生速度快、统计性好的随机数,必须合理地选择迭代式中的各个参数。可以证明用素数作为模数M,并且其他参数也选取正确,其最大周期可为$T = M-1$,即在$[0, M-1]$区间中每一个整数都会在全周期中出现一次,且都可以被使用。因此,选取小于2^{31}的最大素数作为乘同余法的素数模$M = 2^{31}-1$,乘数$A = 7^5 = 16807$,种子$S_0 = 1$,由此产生的随机序列的周期为$2^{31}-2$。

4.4.3 正态分布随机数的产生

由于参战人员的士气、身高、对武器操作的熟练程度、作战经验等因素均服从正态分布,因而均匀分布的随机序列不能直接用于模拟参战人员的士气、身高、对武器操作的熟练程度、作战经验,需采用合适的变换方法,将均匀分布的随机序列转换成具有正态分布特性的随机数值序列。采用中心极限定理,以获得符合影响因素特征的正态分布随机序列。

设随机变量 $U_1, U_2, \cdots, U_i, \cdots, U_n$ 是 n 个独立同分布的、在 $(0,1)$ 区间上的均匀分布随机数,当 n 足够大时,有

$$X = \sqrt{\frac{12}{n}} \left(\sum_{i=1}^{n} U_i - \frac{n}{2} \right) \qquad (4.22)$$

其分布渐进于标准正态分布 $N[0,1]$。一般 $n \geq 6$ 时,X 即近于正态分布,当 $n = 12$ 时,有

$$X = \sum_{i=1}^{n} U_i - 6 \qquad (4.23)$$

此时,计算机的运算速度最快,只需连续加 12 个 $(0,1)$ 区间内的随机数,再减 6,即可得到一个正态随机数。

若希望产生均值为 m,方差为 s 的正态分布随机数,则式 (4.23) 可改写为

$$Y = m + sX \qquad (4.24)$$

式中:$X \sim N[0,1]$,$Y \sim N[m, s_2]$。

Y 就是由 $[0,1]$ 区间上均匀分布的随机序列 U_i 产生的、服从参数为 (m, s) 的正态随机序列。

4.4.4 参战人员影响因子的计算模型

参战人员的士气、身高、对武器操作的熟练程度、作战经验四部分组成了参战人员影响因子,由于这四者相互间的影响较小,可采用加权求和的方法。

$$h = w_{sq} \times h_{sq} + w_{sg} \times h_{sg} + w_{sl} \times h_{sl} + w_{zj} \times h_{zj} \qquad (4.25)$$

式中:h 为参战人员影响因子;$h_{sq}, h_{sg}, h_{sl}, h_{zj}$ 分别为参战人员的士气、身高、对武器操作的熟练程度、作战经验的能力值;$w_{sq}, w_{sg}, w_{sl}, w_{zj}$ 分别为参战人员的士气、身高、对武器操作的熟练程度、作战经验在生存能力中所占的权重,且 $w_{sq} + w_{sg} + w_{sl} + w_{zj} = 1$。

4.4.5 考虑参战人员自身影响因素的枪械系统静态作战效能计算模型

将参战人员影响因子计算模型与美国工业界武器系统效能咨询委员会的 WSEIAC 模型结合,得到扩展枪械系统静态作战效能 E' 的计算模型

$$E' = A \cdot D \cdot C \cdot h \qquad (4.26)$$

4.4.6 随机仿真试验及其计算结果

仿真试验过程中,其基本假设和作战想定与 4.1 节中相同、枪械型号选用枪 3。

作战效能随机仿真试验的流程如图 4-2 所示。

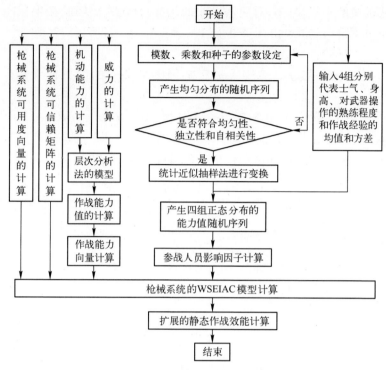

图 4-2　作战效能仿真试验的流程图

用 4 组正态分布的随机数值序列,分别描述参战人员的士气、身高、对武器操作的熟练程度、作战经验,其均值、标准差如表 4-6 所列。

表 4-6　4 组正态分布随机序列的均值和标准差

项　　目	士气	身高/m	熟练程度	作战经验
均值	50	1.75	50	50
标准差	16.667	0.033	6.667	13.333

由于参战人员的士气、身高、对武器操作的熟练程度、作战经验随机序列的单位不同,需要再次将其处理成无量纲的能力值随机序列,各个能力值的均值、标准差如表 4-7 所列。

表 4-7　4 组正态分布能力值随机序列的均值和标准差

项　　目	士气	身高	熟练程度	作战经验
均值	0.5	0.5	0.5	0.5
标准差	0.167	0.009	0.067	0.133

参战人员的士气、身高、对武器操作的熟练程度、作战经验在生存能力中所占的权重分别选取为 0.4、0.1、0.2、0.3。

经过仿真试验,可得到结果如下:

(1)枪械系统在考虑参战人员影响因素条件下的能力向量(统计估计值)为

$$C = \begin{bmatrix} 1 & 0.933 & 0.867 & \cdots & 0.133 & 0.067 & 0 \end{bmatrix}^{\mathrm{T}} \cdot f(\mu, \sigma)$$

式中:$f(\mu, \sigma)$为均值为 0.5、标准差为 0.121 的正态分布的随机序列。

(2)枪械系统在不同作战阶段的作战效能统计估计结果如表 4-8 所列。

表 4-8　枪械系统在不同作战阶段的作战效能统计估计结果

	行军	开进	构工射击准备	执行射击任务	转移战斗队形
均值	0.496974285	0.496643005	0.496497845	0.496004035	0.49595758
标准差	0.120267777	0.120187607	0.120152478	0.120032976	0.12002173

第5章 基于 SEA 的枪械系统作战效能分析方法

SEA 方法是美国麻省理工学院信息与决策系统实验室在 20 世纪 80 年代初期提出的一种系统效能分析方法。它是一种综合性的评价方法,通过把系统的运行与系统要完成的使命联系起来,观察系统的运行轨迹和使命要求的轨迹在同一公共属性空间相符合的程度,根据轨迹重合率的高低判断系统效能的高低。

针对陆军小分队对抗作战的实际情况,采用 SEA 方法,利用超盒逼近的数值分析算法,考虑作战双方的对抗,结合兰切斯特方程,将枪械系统的系统、环境和使命三要素结合起来,建立基于 SEA 的枪械系统作战效能评估模型,给出枪械系统在对抗条件下的作战效能分析方法,对枪械系统进行对抗条件下的作战效能分析。

5.1 SEA 方法的基本概念

5.1.1 定义

SEA 方法是一种系统效能评估方法,它将系统置于敌对的环境中,相互独立地确定系统属性空间和使命属性空间,这些属性是一些描述系统、任务、环境参数的函数,将系统能力和使命要求在相同属性空间进行比较,即可产生系统动态效能度量值。系统效能分析 SEA 方法的概念体系主要由系统(System)、使命(Mission)、域(Context)、本原(Primitives)、属性(Attributes)、有效性指标(Measures of Effectiveness)6 个部分组成。

其中,①系统:是由部件、部件的互连和一组操作方法组成;②使命:由一组用户分配的目标和任务组成;③域:表示一组条件或假设,是使命存在和系统操作的环境;④本原:是描述系统及使命的变量和参数;⑤属性:是描述系统特性或使命要求的量,又称为性能量度 MOP(Measure of Performance),在一个多使命的系统中,性能量度是一个集合{MOP};⑥有效性指标:是将系统属性与使命属性进行比较得到的度量值,反映系统与使命的匹配程度。

5.1.2　SEA 方法的基本评价过程

SEA 方法进行系统效能评估的基本分析步骤如下：

（1）确定系统、环境和系统使命，选择系统本原的集合，且该集合的各个元素相互独立。

（2）确定分析中所需的系统属性，即性能量度 MOP，系统属性为本原函数，其值可通过函数计算、模型处理、计算机模拟或实验数据得到。

（3）根据系统的结构和参数，及其在环境中的运行规律，分析系统的工作行为过程，建立系统映射，即建立系统原始参数到性能量度的映射。

（4）根据系统使命要求，建立使命映射，即使命原始参数到性能量度的映射。

（5）将系统属性和使命属性变换到具有公共属性空间的属性集上，即对系统属性值和使命属性值进行归一化处理，使各属性值在[0,1]范围内。

（6）根据系统本原的取值范围，由系统映射和使命映射分别产生系统轨迹和使命轨迹，如图 5-1 所示，图中 L_s、L_m 分别表示系统轨迹和使命轨迹，利用 L_s、L_m 可计算系统完成使命的能力，即系统的有效性指标 E，有

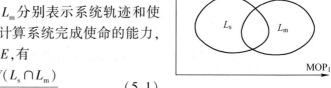

$$E = \frac{V(L_s \cap L_m)}{V(L_s)} \qquad (5.1)$$

图 5-1　系统轨迹和使命轨迹

式中：V 为归一化属性空间中的体积或密度。

SEA 方法的六大步骤及其相互之间的关系如图 5-2 所示。

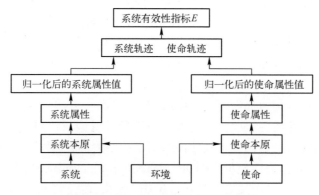

图 5-2　SEA 方法的基本评价流程图

5.2　基本假设和战场想定

枪械系统作战效能是枪械系统在确定的作战环境,即作战想定中完成具体作战任务的能力,因而在采用 SEA 方法进行对抗条件下的效能评估前,必须对系统进行一定的基本假设和战场想定。本系统的战场想定为:红方和蓝方在某城市街巷进行进攻和防御战斗,战斗到一定阶段,红方共有 m_0 人退守到一幢楼内,此时蓝方受命,派遣一股小分队共有 n_0 人对楼内残敌进行清剿。在整个城市街巷战斗过程中,红蓝双方均抱着歼灭对方的目的,且双方均无兵力增援,即分析过程中,不包含特殊武器,不考虑空中及火炮等其他外围火力支援。

5.3　枪械系统性能指标的确定

选择合适的性能指标是系统有效性分析的关键步骤之一,并不是选取的指标越多,系统有效性分析的效果就越好。其选取原则是:①各指标之间既相互独立,又相互制约;②在系统有效性分析过程中,考虑指标所起作用的大小,应筛除影响较小的指标,重点选取那些反映系统本质特征的指标。

对于枪械来说,反映其性能的指标有很多,主要包括战斗性能诸元、弹道诸元和结构诸元。根据战场想定以及指标在系统有效性分析中所起的作用,选取的主要关键指标如下:

(1)射击密集度是衡量枪械射击精度的重要指标之一,直接反映了枪械的命中能力。它是指弹着点围绕平均弹着点(散布中心)散布的大小程度,其衡量指标可用半数散布圆半径 R_{50} 描述。

(2)射击准确度是衡量枪械射击精度的重要指标之一,直接反映了枪械的命中能力。它是指平均弹着点距离预期命中点偏差的大小程度,用 R 表示。

(3)初速 v,即弹丸出膛口瞬间的速度,是弹丸运动过程中的一个重要基本参数,初速的大小直接影响了弹丸命中目标的落速大小,因而初速的大小反映了枪械在命中条件下的杀伤能力。

(4)射频 f 是分析、研究、检验、评价武器系统总体性能的一个必不可少的参数,显然,对于移动目标,射频快的枪械,其命中概率也高,射频的快慢反映了枪械的命中能力。

5.4　枪械系统使命指标的确定

战斗过程中,在均无兵力增援的条件下,双方的兵力随着战斗的进展而不断减少,由于红蓝双方均抱着歼灭对方的目的,因此双方获胜的假设条件是:对方的人员全部被歼灭。

设 m、n 分别表示红、蓝双方的兵力,t 表示战斗进行时刻。$t=0$ 时,交战双方投入的初始兵力为 m_0、n_0,T_e 表示战斗结束时间,此时红方获胜的条件为

$$m(T_t)>0, \quad n(T_t)=0 \tag{5.2}$$

蓝方获胜的条件为

$$m(T_t)=0, \quad n(T_t)>0 \tag{5.3}$$

由于战斗过程中,每一方的每一个战斗单元均可以向对方的任意战斗单位进行射击,其交战关系是:多对多格斗,并且可以火力转移或集中,战斗规律符合兰彻斯特平方定律。因此,红蓝双方的兵力减员满足

$$\begin{cases} \dfrac{\mathrm{d}m}{\mathrm{d}t}=-p_n n \\[2mm] \dfrac{\mathrm{d}n}{\mathrm{d}t}=-p_m m \end{cases} \tag{5.4}$$

式中:p_n 为蓝方对红方的毁伤概率;p_m 为红方对蓝方的毁伤概率。

由式(5.4),得

$$\begin{cases} m(t)=m_0\mathrm{ch}(\sqrt{p_m p_n}\,t)-n_0\sqrt{\dfrac{p_n}{p_m}}\,\mathrm{sh}(\sqrt{p_m p_n}\,t) \\[3mm] n(t)=n_0\mathrm{ch}(\sqrt{p_m p_n}\,t)-m_0\sqrt{\dfrac{p_m}{p_n}}\,\mathrm{sh}(\sqrt{p_m p_n}\,t) \end{cases} \tag{5.5}$$

式中:$\mathrm{ch}t=(e^t+e^{-t})/2$,$\mathrm{sh}t=(e^t-e^{-t})/2$。

根据蓝方获胜的条件,战斗结束时的时刻 T_e 应满足

$$m(t_e)=m_0\mathrm{ch}(\sqrt{p_m p_n}\,t_e)-n_0\sqrt{\dfrac{p_n}{p_m}}\,\mathrm{sh}(\sqrt{p_m p_n}\,t_e)=0 \tag{5.6}$$

由式(5.6),得

$$t_e=\dfrac{1}{2\sqrt{p_m p_n}}\ln\dfrac{\sqrt{p_m}\,m_0+\sqrt{p_n}\,n_0}{\sqrt{p_n}\,n_0-\sqrt{p_m}\,m_0} \tag{5.7}$$

由于研究的目的是考核蓝方所配备枪械的作战效能,根据蓝方获胜的条件,选取战斗结束时,蓝方的剩余兵力与其初始兵力的比值为使命指标,即

$$\mathrm{MOM}=\dfrac{n(t_e)}{n_0}=\mathrm{ch}(\sqrt{p_m p_n}\,t_0)-\dfrac{m_0}{n_0}\sqrt{\dfrac{p_m}{p_n}}\,\mathrm{sh}(\sqrt{p_m p_n}\,t_0)=\sqrt{1-\dfrac{p_m}{p_n}\dfrac{m_0^2}{n_0^2}} \tag{5.8}$$

5.5　系　统　映　射

　　由于本章进行的系统效能分析是在城市街巷战斗的基本假设条件下进行的,并且执行的作战任务是楼内清剿,研究内容是比较不同枪械系统的作战效能,因而,可进一步对系统进行假设:每一次交战双方交战时,可认为是一对一的交战式样,并且进行的是三连发点射。此时,式(5.1)中的毁伤概率可根据第3章的内容计算。

　　交战一方对另一方的毁伤概率 p_{dm} 可描述为

$$p_{dm} = 1 - \prod_{i=1}^{3} p_{i,dm} \tag{5.9}$$

式中: $p_{i,dm}$ 为第 i 发的毁伤概率,其表达式为

$$p_{i,dm} = p_{i,k} \cdot p_{i,hk} \tag{5.10}$$

式中: $p_{i,k}$ 为考虑人形系数的第 i 发命中概率; $p_{i,hk}$ 为第 i 发在命中条件下的毁伤概率,可采用美国 F. Allen 和 J. Sperrazza1956 年提出的 A-S 判据模型计算,即

$$P_{hk} = 1 - e^{-a(9.17 \times 10^4 m v_l^{1.5} - b)^n} \tag{5.11}$$

其中: m 为子弹弹头质量(kg); v_l 为子弹撞击人员目标时的速度(m/s); a,b,n 为取决于不同战术情况的常数。

　　子弹撞击人员目标时的速度 v_l,可根据如下的经典弹道微分方程计算,即

$$\begin{cases} \dfrac{\mathrm{d}v_x}{\mathrm{d}t} = -cH(y)G(v_r)v_x \\[2mm] \dfrac{\mathrm{d}v_z}{\mathrm{d}t} = -cH(y)G(v_r)v_z - g \\[2mm] \dfrac{\mathrm{d}v_y}{\mathrm{d}t} = -cH(y)G(v_r)v_y \\[2mm] \dfrac{\mathrm{d}x}{\mathrm{d}t} = v_x \\[2mm] \dfrac{\mathrm{d}z}{\mathrm{d}t} = v_z \\[2mm] \dfrac{\mathrm{d}y}{\mathrm{d}t} = v_y \end{cases} \tag{5.12}$$

式中: v_r 为子弹的飞行速度, $v_r = \sqrt{v_x^2 + v_z^2 + v_y^2}$; v_x,v_z,v_y 为子弹在水平方向、高低方向和距离方向的分量。

$H(y)$为空气密度函数,在弹道高度 $y \leqslant 10000\mathrm{m}$ 时,有

$$H(y) = \frac{20000-y}{20000+y} \tag{5.13}$$

又由于枪械的弹道高通常小于 10m,因此对于枪械,其空气密度函数 $H(y) \approx 1$。

$G(v)$ 为阻力函数,有

$$G(v) = F(v)/v \tag{5.14}$$

$F(v)$ 可采用如下 43 年阻力定律的经验公式进行计算,即

① $400 \leqslant v \leqslant 1400$ 时,有

$$F(v) = 6.349 \times 10^{-8} v^3 - 6.325 \times 10^{-5} v^2 + 0.1548v - 26.63 \tag{5.15}$$

② $250 \leqslant v \leqslant 400$ 时,有

$$F(v) = 629.61 - 6.0255v + 1.8756 \times 10^{-2} v^2 - 1.8613 \times 10^{-5} v^3 \tag{5.16}$$

③ $v < 250$ 时,有

$$F(v) = 0.0000745 v^2 \tag{5.17}$$

④ $v > 1400$ 时,有

$$F(v) = 0.00012315 v^2 \tag{5.18}$$

设

$$p_{i,k} = k \cdot p_i$$

式中:k 为人形系数;p_i 为第 i 发的命中概率。

若子弹的弹道中心与目标中心重合,则该发子弹的命中概率为

$$p_i(x_c, z_c) = \frac{1}{4} \Phi\left(\frac{l_x}{B_x}\right) \cdot \Phi\left(\frac{l_z}{B_z}\right) \tag{5.19}$$

若子弹的弹道中心与目标中心不重合,其命中概率计算公式为

$$p_i(x+x_{ci}, z+z_{ci}) = \frac{1}{4}\left[\Phi\left(\frac{x_{ci}+l_x}{B_x}\right) - \Phi\left(\frac{x_{ci}-l_x}{B_x}\right)\right] \cdot \left[\Phi\left(\frac{z_{ci}+l_z}{B_z}\right) - \Phi\left(\frac{z_{ci}-l_z}{B_z}\right)\right]$$

$$\tag{5.20}$$

式中:$2l_x$ 为目标的宽度;$2l_z$ 为目标的高度;(x_{ci}, z_{ci}) 为第 i 发弹道中心的坐标;B_x, B_z 为方向公算偏差和高低公算偏差。

方向公算偏差和高低公算偏差与半数散布圆半径之间的关系可近似为

$$B_x \approx B_z \approx 0.568 R_{50} \tag{5.21}$$

在求取子弹的命中概率时,弹道中心的确定至为关键。弹道中心坐标主要与弹道、射击准确度和射频 3 个因素有关,其关系式为

$$(x_{ci}, z_{ci}) = f(\text{弹道方程}, \text{准确度}, \text{射频}) = (x_{cd}, z_{cd}) + (x_{cR}, z_{cR}) + (x_{cf}, z_{cf})$$

$$\tag{5.22}$$

式中:(x_{cd},z_{cd})为考虑弹道因素时的弹道中心坐标,采用经典弹道微分方程式(5.12)进行求解;(x_{cR},z_{cR})为考虑射击准确度因素时的弹道中心坐标;(x_{cf},z_{cf})为考虑射击频率因素时的弹道中心坐标。

实际作战过程中,由于参战人员采用点射的方式进行射击,射击准确度主要与参战人员的操作、表尺和瞄准点的选定、射击的姿势等因素有关,因而首发子弹的弹道中心不一定与目标中心完全重合,其规律服从正态分布。在此,可采用第4章中的蒙特卡罗方法,应用概率与统计理论,在$[0,1]$之间,产生均匀分布的随机数,并进行均匀性、独立性和相关性的检验,再根据射击准确度的特点,选用合适的参数——均值m和方差s,采用基于中心极限定理的统计近似抽样方法,对均匀分布的随机序列进行抽样,生成随机数值序列,用以描述实际作战过程中的射击准确度,从而得到考虑射击准确度因素时的首发子弹弹道中心坐标(x_{cR1},z_{cR1})。

根据文献[1]中的人枪相互作用仿真结果,可知在发射子弹的时候,由于枪械本身的后坐力以及人枪之间相互作用的影响,枪口有跳动的现象产生,因而在确定第2、3发子弹的弹道中心坐标时,需考虑在第2、3发子弹时的高低瞄准角和水平方向角。

射频f是枪械射击时子弹发射的频率,由于目标的移动性,因而枪械的射频实际上也影响着子弹的弹道中心。假设目标仅在水平方向匀速移动,且其转移速度为v_m,则在两发子弹发射间歇,目标的移动距离为

$$S_m = v_m/f \tag{5.23}$$

因而,在仅考虑射频f时,第2、3发子弹的弹道中心坐标(x_{cfi},z_{cfi})中,仅水平方向的坐标x_{ci}有改变,其大小为

$$x_{cfi+1} = x_{cfi} \pm \frac{v_m}{f} \tag{5.24}$$

式中:"+"、"-"的选择取决于目标的水平移动方向,由于最终考虑的是枪械系统本身的有效性,因此,在分析过程中,将式(5.24)中的运算符号统一选择为"+"。

5.6　系统有效性分析

系统有效性分析的关键是建立在系统性能与效能的映射基础之上进行使命轨迹的求取。根据前述分析可知:枪械系统从性能指标到使命指标的映射包含了普通函数、微分方程组和试验仿真。对于普通函数,可采用经典的 SEA 方法进行求取;而对于微分方程组和试验仿真,由于其复杂性,不能够直接通过解析

式导出其相应的使命轨迹,因而采用一种数值 SEA 方法,利用超盒逼近算法进行枪械系统使命轨迹的获取。

5.6.1 超盒逼近数值 SEA 算法的基本概念

定义 5.1 对于映射 $f_{ui} = p_1 \times p_2 \times \cdots \times p_{ui} \rightarrow u_i$

定义所有单调增的原像为[+]类型,所有单调减的原像为[-]类型,不具有单调性的原像记为[0]类型。映射 f 可定性表示为

$$y = [+] A_i [-] B_j [0] C_l \tag{5.25}$$

式中:A_i,B_j,C_l 分别为[+]、[-]、[0]3 种类型原像集,并设它们各有 i、j、l 个元素。为了简化表示,令 A_i 统一代表所有 i 个[+]类元素,B_j、C_l 同理。并定义这 3 种原像集元素总和为映射的维数。

性质 5.1 对于定性表达式 $y = [+] A_i [-] B_j$:

(1) 当 $A_{i1} \geqslant A_{i2}$;$B_{j1} \geqslant B_{j2}$;$y(A_{i1}, B_{j2}) \geqslant y(A_{i2}, B_{j1})$,当[+]类型的所有 A_i 取最大值,当[-]类型的所有 B_j 取最小值,y 为最大值,反之 y 为最小值。

(2) $[y, \geqslant] \Leftarrow \Rightarrow [A_i, \geqslant]$ 或 $[B_j, \leqslant]$;$[y, \leqslant] \Leftarrow \Rightarrow [A_i, \leqslant]$ 或 $[B_j, \geqslant]$;$[y, \geqslant]$ 表示 y 的最小值增大或不变;$[y, \leqslant]$ 表示 y 的最大值减小或不变。其余同理。以上最大最小值中可包括$(+\infty, -\infty)$。

定义 5.2 由满足某一系统使命指标约束的系统各个效能指标的上下确界所限定的区域定义为最小外包超盒。根据性质 1,对于 $y = [+] A_i [-] B_j$ 类型的系统需求约束问题(y 是使命指标,A_i 与 B_j 是效能指标),当使命指标为 $[y, \leqslant]$ 时,最小外包超盒应为 $[A_{imin}, A_{imin} + k_i * (A_{imax} - A_{imin})] \times [B_{jmax} - k_j * (B_{jmax} - B_{jmin}), B_{jmax}]$,$1 \geqslant k_i, k_j \geqslant 0$,各个系统效能指标可取的极值为 A_{imax}、A_{imin}、B_{jmax}、B_{jmin},使命指标为 $[y, \geqslant]$ 时同理。

例如,对于 $x^2 + y^2 \leqslant 4 (10 \geqslant x \geqslant 0, 10 \geqslant y \geqslant 0)$,区域 $[0, 2] \times [0, 2]$ 就是最小外包超盒。最小外包超盒不一定就是所求的有效区域,它是各个系统效能指标最紧有效闭区间的笛卡儿积。

定义 5.3 对于 $y = [+] A_i [-] B_j$,设使命指标为 $[y, \leqslant]$,$[y, \geqslant]$ 同理,得出最小外包超盒,令 $\omega_k = [A_{imin}, A_{imin} + k_i * (A_{imax} - A_{imin})] \times [B_{jmax} - k_j * (B_{jmax} - B_{jmin}), B_{jmax}]$,$(A_{imax}, A_{imin}, B_{jmax}, B_{jmin})$ 为最小外包超盒的确界,且 ω_k 为系统使命轨迹的子集。ω_k 定义为等分内接超盒,ω_{kmax} 定义为最大等分内接超盒,$k_{max} = \sup(k)$,对于每一维中除去了构成最大等分内接超盒的剩余区间的笛卡儿积定义为最大等分内接超盒的对角超盒,并记为 $\overline{\omega_{max}}$。

例如,对于 $x^2 + y^2 \leqslant 4 (10 \geqslant x \geqslant 0, 10 \geqslant y \geqslant 0)$,区域 $[0, 2] \times [0, 2]$ 就是最小外包超盒,而 $[0, \sqrt{2}] \times [0, \sqrt{2}]$ 是最大等分内接超盒,$[\sqrt{2}, 2] \times [\sqrt{2}, 2]$ 为其对角超

盒。其中 $k_{max} = \sqrt{2}/2$。

性质 5.2 最大等分内接超盒的对角超盒中的任一元素都不符合系统需求约束条件,最大等分内接超盒内所有元素都符合约束条件。

5.6.2 枪械系统效能使命轨迹逼近模型

本方法以递归的方式,利用最大等分内接超盒,按任意精度来逼近枪械系统使命轨迹。具体实现步骤如下:

1)根据确定的关键指标及方程合并原则,建立定性方程

蓝方的剩余兵力与其初始兵力的比值 = [+]射击密集度[+]射击准确度[+]初速[+]射频。

由于该映射中的原像均为[+]类型,为便于后续的分析与计算,需选取其中的任意两个(如初速和射频)转换成[-]类型,其转换方法为:用初速的最大值减去初速;用射频的最大值减去射频。

由此,枪械系统的多维映射模型变为

$$\mathrm{MOM} = [+]R_{50}[+]R[-]v[-]f \tag{5.26}$$

其维数为 $L = 4$,R_{50}、R 为[+]类型,v、f 为[-]类型。

2)根据枪械系统使命指标的约束类型(是[MOM,$\geqslant$]还是[MOM,$\leqslant$]),求出相应的最小外包超盒

(1)令 $k = 1$。

(2)如果约束类型是[MOM,$\leqslant$],令 R_{50}、R 取最小值 R_{50min}、R_{min},v、f 取最大值 v_{max}、f_{max};是[MOM,$\geqslant$]型时,正好相反。以下假设是[MOM,$\leqslant$]类型,[MOM,$\geqslant$]类型同理。如果 $k \leqslant 2$,由于 R_{50}、R 对于 MOM 是单调增的,所以可用二分法求出新的符合约束条件的最大值 R_{50max}、R_{max};同理,如果 $k > 2$,则利用求出新的最小值 v_{min}、f_{min},$k = k + 1$。

(3)如果 $k > L$,各个元素求出的新区间的笛卡儿积就是最小外包超盒,退出,否则转步骤(2)。

3)求最大等分内接超盒

(1)判断最小外包超盒的体积(各个区间长度的乘积,由于量纲不一样要进行归一化)是否小于某一精度值。如果小于,则进行适当插值,然后退出。对于某一个分量已小于最小分辨值时,则此量无须再分解,因此达到降维的目的。

(2)根据性质 1,当 $k_2 \geqslant k_1$,则

$$\begin{aligned} &\mathrm{MOM}[A_{imin} + k_2 * (A_{imax} - A_{imin}), B_{jmax} - k_2 * (B_{jmax} - B_{jmin})] \geqslant \\ &\mathrm{MOM}[A_{imin} + k_1 * (A_{imax} - A_{imin}), B_{jmax} - k_1 * (B_{jmax} - B_{jmin})] \end{aligned} \tag{5.27}$$

式中：A_i 为 R_{50}、R；B_j 为 v、f。所以，同样可以用二分法求出最大的 k_{max} 及相应的最大等分内接超盒 ω_{kmax}。

（3）每一个 R_{50}、R、v、f 的区间都可分成属于最大等分内接超盒和不属于最大等分内接超盒两部分。把属于部分记为"0"，不属于部分记为"1"，这样就存在 $16(2^L = 2^4 = 16)$ 个区间组合，依次对应于 $0 \sim 15(2^L - 1)$ 的二进制数。第 0 个，就是已求出的最大等分内接超盒，其中任何一个元素都符合系统约束，无需再分。而第 $15(2^L - 1)$ 个即是相应对角超盒。根据性质 2，其中任何一个元素都不符合系统约束，因此去掉。对剩下的第 $1 \sim 14(2^L - 2)$ 区间组合，依次作为新的最小外包超盒，递归自调用，最后所有最大等分内接超盒的并集就是系统的使命轨迹。

5.6.3　系统有效性分析模型

在求得枪械系统使命轨迹的基础上，把使命轨迹作为衡量实际系统有效性的标准，将系统表现出的效能轨迹与使命轨迹做比较，求出系统的有效性指标值，即

$$E = \int_{pl} f(p)\,\mathrm{d}p \quad (0 \leqslant E \leqslant 1) \tag{5.28}$$

式中：pl 为使命轨迹；$f(p)$ 为枪械系统实际表现的效能指标。

如果效能需求轨迹是由超盒逼近而成，则

$$E \approx \sum_{j=1}^{N} \int_{H_j} f(p)\,\mathrm{d}p \tag{5.29}$$

式中：H_j 为第 j 个超盒；N 为超盒的总数。

5.7　应　用　实　例

利用以上过程建立的模型，即可在一定的作战想定条件下，采用系统有效性分析方法（SEA 方法），利用超盒逼近数值分析算法，对陆军小分队配备不同的枪械进行作战效能分析。为便于比较分析计算，再作如下的进一步假设：进攻方——蓝方小分队分别配备枪 1、枪 2、枪 3，防御方——红方小分队选用的枪械固定，配备美国 M16A1 式 5.56mm 步枪（用枪 4 表示）；初始兵力：红方 $x_0 = 30$，蓝方 $y_0 = 40$；战斗时，双方均进行三连发点射；人体目标统一选为半身目标，其大小为 50cm×100cm，人形系数 $k = 0.80$；4 种枪械的基本数据如表 5-1 所列。

表 5-1　4 种枪械的基本数据

项　目		枪 1	枪 2	枪 3	枪 4
射击精度	射击准确度 R/cm	15.3	17.3	14.9	15.2
	射击密集度 (半数散布圆半径/cm)	12.25	11.34	8.75	10.5
理论射频/(发/min)		600	660	650	700
初速/(m/s)		710	720	920	997
子弹的质量/g		7.9	7.9	4.2	3.56
弹道系数		8.232	8.232	8.202	9.812
高低瞄准角 /密位	第 1 发	0	0	0	0
	第 2 发	17.7	14	11.2	17.7
	第 3 发	35.4	29	23.7	35.4
水平方向角 /密位	第 1 发	0	0	0	0
	第 2 发	10.2	9.0	7.5	8.35
	第 3 发	20.5	16.7	13.7	18.31

　　根据前述的枪械系统作战效能分析方法及步骤,首先确定 4 个关键性能指标——射击准确度、射击密集度、初速和射频,找出这 4 个指标与使命量度——蓝方的剩余兵力与其初始兵力的比值之间的映射关系,再利用超盒逼近的使命轨迹生成算法,获得使命轨迹,最后在求得使命轨迹的基础上,利用系统有效性分析模型,得到枪 1、枪 2、枪 3 的作战效能。在系统映射过程中,由于考核的是枪 1、枪 2、枪 3 的作战效能,因此对于枪 4 可不考虑其弹丸初速的变化,取其为定值 997m/s。

　　3 种不同枪械的系统有效性指标分别为 0.466、0.300、0.546。

第6章　枪械系统作战效能综合评估分系统的设计与开发

软件分系统的设计与开发通常分为 5 个阶段,即需求分析、软件设计、软件编程、软件测试、软件运行与维护。

为便于枪械在不同需求条件下的作战效能评估,在基于射击效率的枪械系统作战效能分析方法、枪械系统静态作战效能分析方法和基于 SEA 的枪械系统作战效能分析方法的基础上,从系统工程学的设计观点出发,遵循软件工程的开发思想,给出枪械系统作战效能综合评估分系统的需求分析、系统规划和软件总体设计原则,讨论在这种原则下形成的设计方法,并采用该方法对枪械系统作战效能综合评估分系统进行软件分系统的设计与开发,主要用于在效能层实现基于射击效率的枪械系统作战效能分析、静态作战效能分析和基于 SEA 的枪械系统作战效能分析。

6.1　设计枪械系统作战效能综合评估分系统的系统工程方法

6.1.1　系统工程学简介

系统工程学是一门新兴的工程技术学科,它综合了自然科学和社会科学中有关的思想、理论、方法、策略和手段,对系统的构成要素、组织机构、信息交换和反馈控制等功能进行分析、设计、试验、实施和运行,实现系统整体的综合最优化,力争发挥系统的最大效益和功能,达到最优效果的目标。

采用系统工程方法进行枪械系统作战效能综合评估分系统设计,可以使开发的枪械系统作战效能综合评估分系统性能最优、运行状态最优。具体设计过程中应遵循的原则如下:

(1)系统全局原则。枪械系统作战效能综合评估分系统是由很多子系统相互关联而成,其性能不仅仅是各个子系统特性简单相加的总和。系统设计时,采用从全局到部分,再从部分到全局的方法,针对系统本身的可持续发展性和用户特点,在保证系统稳定、可靠工作的条件下,强调系统的先进性、开放性、可维护性和使用方便等综合性能指标,从而达到总体性能优化的目的。

（2）系统层次原则。由于一切系统都具有严格的层次组织结构,为达到枪械系统作战效能综合评估分系统总体性能最优目标,在系统设计时,需采用自顶向下规划、自底向上开发的方法,将系统各项功能间的相互依赖关系,按空间结构主次和时间前后顺序(包括系统产生、收效、退化或退出)统筹考虑,把论证、调研、开发、使用和维护当作系统开发的全过程加以研究。

（3）系统价值原则。价值是一套性能指标或价值标准。在保障枪械系统作战效能综合评估分系统总体性能最优的前提下,不断完善系统功能,扩大使用范围,使系统在一段时间内保持较高的性能价格比,确定经得起时间考验的价值标准。

6.1.2　枪械系统作战效能综合评估分系统的功能需求分析

软件系统的开发与设计的第一步是系统的功能需求分析。功能需求是系统中最主要的需求信息,功能需求分析的目的是明确划分和描述软件系统应实现的所有功能。根据系统工程方法和软件系统功能需求分析的特点,采用系统工程的方法对枪械系统作战效能综合评估分系统进行功能需求分析,归纳出分系统的总体主要功能如下:

（1）可实现枪械系统的静态作战效能分析功能。

（2）可实现枪械系统的动态作战效能分析功能。

（3）可实现枪械系统的系统有效性分析功能。

（4）具有友好的人机界面,方便实用。

（5）可从数据库读入或直接输入各个系统所需参数,主要包括战场想定的相关参数、枪械的战术技术指标等。

（6）可实现不同枪械系统在同一外部条件下作战效能的比较。

（7）可同时计算正向问题(求解作战效能)和反向问题(保证完成指定任务所需的武器和人员数量),使结论更加全面。

（8）系统具有数据库子系统,用于存储和管理枪械系统作战效能分析的数据,具有输入、查询、修改、删除、输出、统计和系统维护等功能。

（9）可以数据文件的形式,保存每一次评估的所有参数,便于后续的结果分析。

（10）可实现分析结果的打印输出功能。

6.2　枪械系统作战效能综合评估分系统的软件设计

经过需求分析阶段,已经明确了系统的功能需求。软件设计主要包括总体设计和详细设计两个阶段。总体设计主要任务是制定系统实现方案和确定目标系统体系结构;详细设计任务是选择并设计每一个模块的实现算法及其实现过程的详细描述,即确定软件系统的程序流程图。

6.2.1 枪械系统作战效能综合评估分系统的体系结构

软件总体设计的最终目的是根据功能分解原则,将软件系统划分为功能相对独立、接口相互关联、层次相对合理的若干个模块。为得到高质量目标系统,软件体系结构的合理设计至关重要。

枪械系统作战效能综合评估分系统的设计需要遵守以下软件工程设计指导原则:

(1) 对程序结构进行评价,以降低模块间的耦合性和增加模块的内聚性。

(2) 结构的深度、宽度和各层模块的扇入和扇出都适当。

(3) 保持模块的作用域在模块的控制域内。

(4) 减少接口参数,降低接口复杂性。

(5) 设计单一入口、单一出口的模块,增强模块的可理解性和可维护性。

结合枪械系统作战效能综合评估分系统所需的功能,依据上述设计指导原则,考虑系统今后内容的增减、修改和维护,将整个软件系统划分为枪械系统作战效能综合评估分系统总控制模块、参数输入功能模块、作战效能分析控制模块、参数检验功能模块、基于射击效率的枪械系统作战效能分析功能模块、静态作战效能分析功能模块、基于 SEA 的枪械系统作战效能分析功能模块、数据库功能模块、结果分析、比较、评价功能模块及输出、打印功能模块。各模块之间的关系见图 6-1 所示的枪械系统作战效能综合评估分系统的体系结构框图。

图 6-1　枪械系统作战效能综合评估分系统的体系结构框图

6.2.2 枪械系统作战效能综合评估分系统的计算分析流程

总体设计已经确定了组成系统中各个模块之间的联系,详细设计的总体目标是确定实现系统的具体方法,即详细设计要对软件结构图中的每个模块所采

84

用的逻辑关系进行分析,设计出全部必要的过程细节,并给出各个模块的计算分析流程,从而在编码阶段可以把该描述直接翻译成某种程序设计语言的程序代码。

基于射击效率的枪械系统作战效能分析模块的计算流程图如图6-2所示。

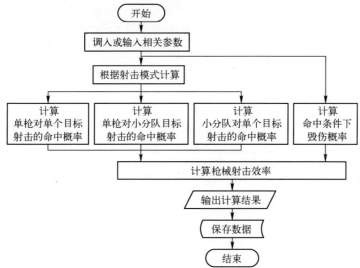

图6-2 基于射击效率的枪械系统作战效能分析模块的计算流程

枪械系统静态效能分析模块的计算流程,如图6-3所示。

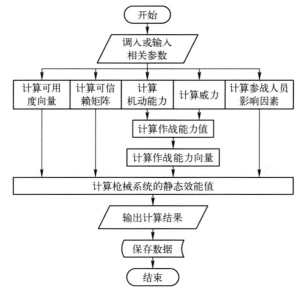

图6-3 静态作战效能分析模块的计算流程图

基于 SEA 的枪械系统作战效能分析模块的计算流程图如图 6-4 所示。

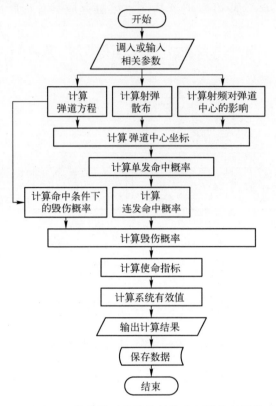

图 6-4　基于 SEA 的枪械系统作战效能分析模块的计算流程图

6.2.3　面向对象的程序设计

面向对象就是运用对象、类、继承和通信等概念对问题进行分析、求解的系统开发技术,或者说,是以对象(类)为数据中心、对象之间的动态行为模式为运行机制的一种问题求解方法。

对象是系统中的基本运行实体,是描述其属性的数据和相关操作的封装;类是对具有相同属性和行为的一组相似对象的抽象;实例是由某个特定类所描述的一个具体对象;消息是对象间相互请求或相互协作的途径;属性是类中所定义的数据,是对客观世界实体所具有性质的抽象,属性又称为数据成员。

面向对象的程序设计在程序设计时,将数据及加工该数据的所有处理一起封装成一个模块,构成一个对象,其他对象可以使用这个对象所提供的服务。面向对象的程序设计具有三大特性,即数据封装、继承性和多态性。

86

数据封装是程序只能通过接口存取数据的特性。封装性提高了信息隐蔽的能力,使模块之间耦合变弱,从而使程序更容易修改。

继承是表达类与类之间相似性的一种机制,是在已定义类(称为父类)的基础上,创建一个新类(称为子类),新类除了定义自己新的属性和服务以外,还从父类继承了父类的全部属性和服务。

多态性表现在用相同的操作名在一个类层次的不同类中实现不同功能,并且用同一个消息能在不同的对象中引起不同的响应。

正是由于面向对象程序设计的特点和枪械系统作战效能综合评估分系统自身的特点,因而采用面向对象程序设计的代表语言 VC++进行枪械系统作战效能综合评估分系统的软件开发。软件设计时,需找出恰当的对象,并把它们变成适当粒度的类,定义类的接口和继承层次,并建立它们之间的关系。

6.3 枪械系统作战效能综合评估分系统的软件编程

6.3.1 枪械系统作战效能综合评估系统的软件集成环境

枪械作战效能综合评估分系统的软件集成环境如下:

操作系统:Microsoft Windows XP 版本

软件开发环境:Microsoft Visual Studio. net

数据库:SQL Sever 2000

6.3.2 各软件模块的说明

1. 数据输入模块

枪械系统作战效能综合评估分系统的数据输入源主要包括两部分:原始数据库和手动输入数据。

原始数据库是将各类枪械的基本性能指标、可靠性指标、战术指标、参战人员的随机影响因素参数、人体目标的参数指标等原始数据和经验数据做成数据库。在对比分析不同枪械时,只需选择要对比分析的枪械,即可自动链接到原始数据库,实现原始数据的自动输入,如图 6-5 所示。

尽管原始数据库已经提供了各类枪械的各项参数指标,但实际应用时,有时需要修正其中的部分参数(如参战人员的随机影响因素参数、人体目标的参数等),本书采用手动输入的方式来实现,如图 6-6 所示。

如果在新型枪械设计阶段,由于数据库中没有其相关的各项参数,需要手动输入各项参数指标,则选用属性表风格,进行新型枪械各项参数指标的输入,如图 6-7 所示。

图 6-5 原始数据的输入图

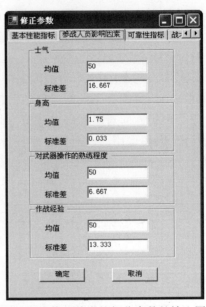

图 6-6 修正其中的部分参数的输入图

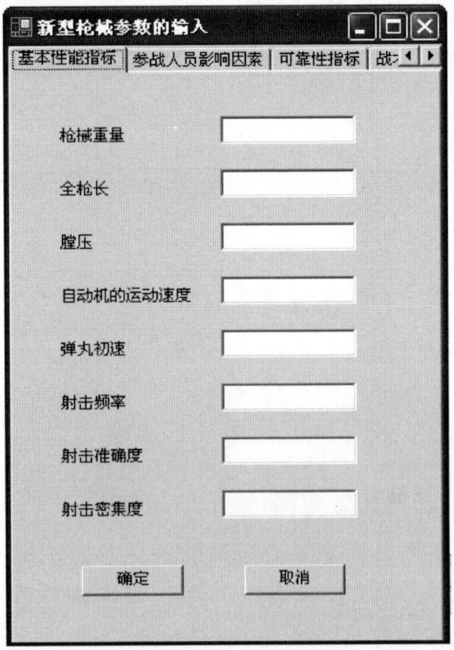

图 6-7 新型枪械的各项参数指标的输入图

2. 数据输出模块

枪械系统作战效能综合评估分系统的数据输出主要包括两部分:计算结果的数据显示和相关的图形显示。数据结果产生后,如果用户选择保存,其结果数据可自动保存或更新到数据库中,同时生成评估结果报告文件。

输出结果包括基于射击效率的枪械系统作战效能评估结果、枪械系统静态作战效能评估结果和基于 SEA 的枪械系统作战效能评估结果。

其中,基于射击效率的枪械系统作战效能评估结果内容包括:一对一、一对多和多对一情况下的不同枪械三连发命中概率和毁伤概率;枪械系统静态作战效能评估结果内容包括:不考虑参战人员影响因素或考虑参战人员影响因素条件下的、不同枪械系统在不同作战阶段的作战效能;基于 SEA 的枪械系统作战效能评估结果内容主要是不同枪械的系统有效性指标。

3. 基于射击效率的枪械系统作战效能分析模块

基于射击效率的枪械系统作战效能分析模块由枪械模块、弹道解算模块、公算偏差模块、目标模块、命中概率模块、毁伤概率模块、射击效率模块组成。

枪械模块用于调入与基于射击效率的枪械系统作战效能分析相关的枪械特性参数,主要包括:初速、高低瞄准角、水平方向角、弹道系数、风速水平分量、子弹质量;弹道解算模块用于求解射程对初速的敏感因子、射程对瞄准角的敏感因子、射程对弹道系数的敏感因子、水平位移对水平瞄准角的敏感因子、水平位移对风速横向分量的敏感因子,以及弹丸击中目标时的落速;公算偏差模块用于求解距离公算偏差、高低公算偏差和方向公算偏差;目标模块用于从数据库中调入各类人体目标的相关参数;命中概率模块又分为一对一模块、一对多模块和多对一模块,分别用于计算一对一、一对多和多对一情况下、单发和连发的命中概率;毁伤概率模块用于计算命中条件下的毁伤概率;射击效率计算模块用于求解枪械分别在一对一、一对多和多对一情况下,对不同状态目标的射击效率。图 6-8 所示为基于射击效率的枪械系统作战效能分析模块的结构框图。

4. 枪械系统静态作战效能分析模块

枪械系统静态作战效能分析模块由枪械模块、可用度模块、可信赖模块、作战能力模块、参战人员模块、静态作战效能计算模块组成。

枪械模块用于调入与枪械系统静态效能分析相关的枪械特性参数,主要包括:枪械重量、全枪长、转移速度、有效射程、战斗射速、枪口动能、散布圆半径、士气、身高、对武器操作的熟练程度、作战经验;可用度模块用于计算枪械系统在开始执行任务时的状态概率;可信赖模块用于求解枪械系统的状态转移概率矩阵;作战能力模块又分为机动能力模块和威力模块;参战人员模块又分为均匀分布随机数产生模块、正态分布随机数产生模块和参战人员影响因子计算模块;静态作战效能计算模块用于求解枪械系统分别在考虑或不考虑参战人员影响因素下的静态作战效能。图 6-9 所示为枪械系统静态效能分析模块的结构框图。

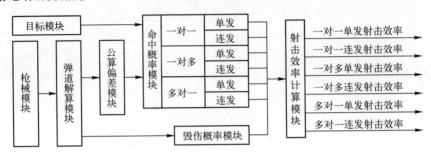

图 6-8　基于射击效率的枪械系统作战效能分析模块的结构框图

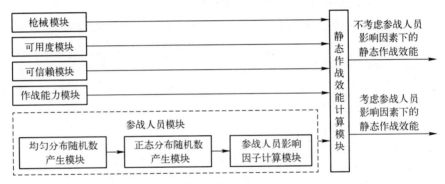

图 6-9　枪械系统静态作战效能分析模块的结构框图

5. 基于 SEA 的枪械系统作战效能分析模块

基于 SEA 的枪械系统作战效能分析模块由枪械模块、弹道解算模块、准确度影响弹道中心计算模块、射频影响弹道中心计算模块、弹道中心计算模块、公算偏差模块、目标模块、单发命中概率模块、毁伤概率模块、单发毁伤概率模块、三连发毁伤概率模块、使命指标计算模块、超盒逼近模块、使命轨迹生成模块、有效性指标计算模块组成。

枪械模块用于调入与基于 SEA 的枪械系统作战效能分析相关的特性参数,主要包括:射击密集度、射击准确度、初速、射速、子弹的质量、弹道系数、高低瞄准角、水平方向角;弹道解算模块用于求解射程对初速的敏感因子、射程对瞄准角的敏感因子、射程对弹道系数的敏感因子、水平位移对水平瞄准角的敏感因子和水平位移对风速横向分量的敏感因子,以及弹丸击中目标时的落速;准确度影响弹道中心计算模块用于计算在射击准确度影响下的弹道中心坐标;射频影响弹道中心计算模块用于计算在射击频率影响下的弹道中心坐标;弹道中心计算模块用于计算在综合考虑弹道方程、射击准确度、射击频率影响下的弹道中心坐标;公算偏差模块用于求解距离公算偏差、高低公算偏差和方向公算偏差;目标模块用于从数据库中调入各类人体目标的相关参数;单发命中概率模块用于计算一对一情况下的单发命中概率;毁伤概率模块用于计算命中条件下的毁伤概率;单发毁伤概率模块用于计算一对一情况下的单发毁伤概率;三连发毁伤概率模块用于计算一对一情况下的三连发毁伤概率;使命指标计算模块用于计算使命指标——蓝方的剩余兵力与其初始兵力的比值;超盒逼近模块用于生成超盒逼近数值分析算法;使命轨迹生成模块用于采用超盒逼近算法生成使命轨迹;有效性指标计算模块用于求解系统有效性指标。图 6-10 所示为基于 SEA 枪械系统作战效能分析模块的结构框图。

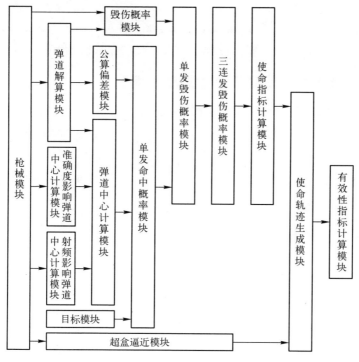

图 6-10　基于 SEA 枪械系统作战效能分析模块的结构框图

6.4 算 例

选用枪1、枪2、枪3和美国M16A1式5.56mm步枪(用枪4表示)作为算例,对开发的枪械系统作战效能综合评估系统进行了考核与验证。

图6-11~图6-13分别为基于射击效率的枪械系统作战效能分析、枪械系统静态作战效能分析和基于SEA枪械系统作战效能分析的部分结果。

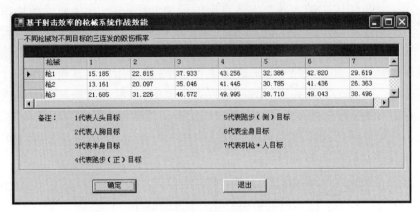

图6-11 基于射击效率的枪械系统作战效能结果图

图6-12 不考虑参战人员因素的枪械系统静态作战效能结果图

图6-13 基于SEA的枪械系统作战效能结果图

92

第7章 分布式虚拟战场环境下半实物枪械作战效能评估分系统框架设计

枪械系统作战效能的射击效率评定分析方法、静态作战效能分析方法以及系统有效性分析方法均从各自角度、在一定程度上反映了枪械系统的作战效能。但是,在枪械系统的作战效能评估过程中,不仅枪械系统的战术技术指标、目标的类型等因素影响着枪械系统的作战效能,而且武器编配、对抗模式、作战战术、气象条件、地理环境等因素也同样影响着作战效能,并且后者的影响通常需要通过大量的实战军事演习才能获得较为真实的结论,而通过传统意义上的实战军事演习来模拟实际战斗,将耗费大量的资金和军用物资,并且安全性差,在实战演习条件下也难以随时改变武器、人员、气候、地形等状态。

随着虚拟现实技术和分布式仿真技术的不断发展,这些现代的先进仿真技术为解决上述问题提供了有效的技术解决途径和可行方案。通过构建逼真的分布式虚拟战场环境,不仅能够较为真实地在作战原则指导下进行陆军小分队攻防对抗作战的模拟与仿真,动态地描述枪械系统的整个作战过程,而且可以全面地考核枪械系统的作战效能,为枪械系统的研制与生产、枪械系统的总体方案设计、枪械系统的战术技术经济可行性论证和战术技术指标论证、枪械力量结构的发展规划、国防战略和作战方针的决策与制定提供理论依据。

本部分针对陆军小分队对抗作战的实际情况和格斗层枪械系统作战效能分析的特点,分析建立了分布式虚拟战场环境下半实物枪械作战效能评估分系统所需要的高层体系结构、虚拟战场环境生成、作战想定生成、半实物仿真枪械、计算机生成兵力、数据库的生成与管理等关键技术,建立了虚拟战场环境下陆军小分队的目标搜索、机动、智能推理决策、命中与毁伤计算和作战效能分析等模型,搭建了分布式虚拟战场环境下的半实物枪械作战效能评估分系统的整体框架结构。

7.1 需 求 分 析

采用分布式虚拟战场环境进行枪械系统作战效能分析的目的如下:

(1) 在同一作战环境、作战想定等条件下,对比分析不同枪械系统的作战效能。

（2）在不同的作战环境、作战想定等条件下，计算某种枪械系统的作战效能，分析该枪械系统更加适用于何种条件下的作战使用。

（3）枪械系统的合理编配是影响其作战效能的关键因素之一，通过分析枪械系统在不同组合模式和使用方式条件下的作战效能，从中找出科学合理、能够使作战效能最大化的枪械系统编配模式。

（4）作战效能分析也是枪械系统论证的重要内容之一，通过改变枪械系统的战术技术指标，在给定的作战环境和作战想定条件下，利用分布式虚拟战场环境，进行近似实战的作战模拟和仿真，以分析评价枪械系统的作战效能，检验枪械装备发展方案，论证枪械系统的运用必要性，确定枪械系统的战术技术指标。

运用分布交互仿真法进行枪械系统作战效能分析的基本步骤如下。

（1）对所研究的对象——枪械系统进行数学建模，以在仿真过程中真实地反映枪械系统的基本性能。

（2）根据枪械系统作战效能评估的需要，拟定相应的能够真实反映实际作战战场的作战想定。

（3）对攻防对抗作战过程进行动态模拟仿真。

（4）确定枪械系统作战效能的评价指标。

（5）确定评价枪械系统作战效能的方法。

因此，拟开发的基于分布式虚拟战场的半实物枪械作战效能评估分系统应具备以下功能及特点。

（1）能够支持多用户同时参与陆军小分队攻防对抗模拟及实施枪械系统作战效能评估。

（2）能够根据枪械系统作战效能评估的需要，拟制相应的作战想定。

（3）拥有各类枪械的数学模型仿真器，该仿真器具有动态仿真计算枪械的基本性能（如弹丸的初速、射程等）和进行毁伤效率分析的功能。

（4）拥有各类枪械的战术性能指标数据库，陆军小分队作战战术规则库，战术动作数据库，各类数学模型库，仿真作战过程及效能分析结果数据库及其管理系统。

（5）拥有集子弹发射、单连发选择、声效模拟、后坐力仿真、枪口空间定位、弹道解算以及弹着点几何校正七大功能于一体的半实物仿真枪械系统。

（6）拥有逼真的、适于枪械系统作战效能分析的虚拟战场地景数据库，其中作战战场是将真实地形数据进行处理后生成的逼真视景；作战背景主要是指气候（如雾、雨、雪、夜景等）、声音、特殊效果（如烟尘、火焰、闪光、碎片等）环境背景的变化；枪械及作战人员的实体模拟通过图形建模或图像映射或通过两者结

94

合来实现,建立的虚拟士兵能够在虚拟战场环境中,模仿真实士兵的各种战术动作,并能根据当时的战场态势及作战战术规则,做出相应的决策及后续的战术行动。

（7）能够针对陆军小分队的实际作战过程,考虑参战人员自身对枪械系统作战效能的影响,主要包括参战人员的士气、身高、对武器操作的熟练程度、作战经验等随机影响因素,建立考虑参战人员自身影响因素条件下的枪械系统综合作战效能分析模型,给出参战人员自身随机影响因素作用下的枪械系统作战效能综合评估方法。

7.2　分系统的体系结构

分布式虚拟战场环境下的枪械作战效能评估分系统的体系结构遵循 HLA 标准,由仿真管理联邦成员、数据库联邦成员、作战想定生成联邦成员、半实物仿真枪械测控联邦成员、计算机生成兵力联邦成员、仿真结果分析与作战效能评估联邦成员组成,运行支撑环境选用 RTI,将仿真功能实现、仿真运行管理和底层传输三者分离,使各个部分相对独立地开发,分系统的体系结构如图 7-1 所示。

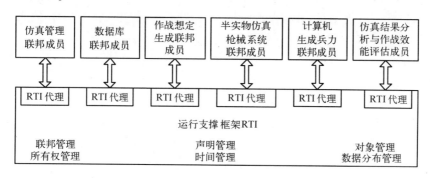

图 7-1　分系统的体系结构

仿真管理联邦成员主要用于陆军小分队对抗作战仿真管理任务规划、仿真综合管理控制、仿真对象协调、仿真过程的时间管理(包括开始、运行、暂停、继续、回溯、重演等)。

数据库联邦成员主要用于存储和管理想定数据库、虚拟战场环境数据库(包括地形环境、大气环境和效应环境)、枪械战术性能指标数据库、陆军小分队作战战术规则库、战术动作数据库、作战模型数据库、仿真作战过程记录及效能分析结果数据库。

作战想定生成联邦成员主要用于战场初始化设置,包括战场环境的设定、作战想定的文件配置、作战单元的数量及状态参数的设置、兵力的编成与部署。

半实物仿真枪械系统联邦成员主要用于模拟被评估枪械的姿态、子弹的发射与运动等过程,可实现半实物仿真枪械的测控、枪械姿态角的获取、激光弹着点的几何校正及子弹在虚拟空间的弹道解算。

计算机生成兵力联邦成员主要用于生成用计算机控制的单个或多个对抗仿真实体,模拟虚拟士兵或小分队中各虚拟士兵单元的物理特征、行为特征、自主智能活动特征,在虚拟战场中充当己方、友方的兵力,构成威胁环境,弥补仿真环境中各类实体种类和数量的不足,扩大虚拟战场的规模。

仿真结果分析与作战效能评估联邦成员主要用于仿真结束后,陆军小分队对抗模拟仿真结果的分析和枪械系统作战效能的评估。

7.3 虚拟战场环境中陆军小分队作战模拟模型

7.3.1 目标搜索模型

对于陆军小分队,参战人员主要通过肉眼对整个战场进行目标搜索,以获得视距内目标的各类信息,并据此进行战场态势信息的判断及后续的作战决策,因此本书仅考虑参战人员目视发现目标的情况。

人眼搜索目标时,其搜索范围主要由人眼视场、大气能见度及人眼与目标之间是否有障碍物决定。人眼的平均视场大致为:高低30°,方向40°;其中良好的圆周视场大约为10°,中心视场1°~2°。在0°~180°的周视方向上能够发现运动的物体。通常的能见度是指水平能见度,即视力正常的人在当时天气条件下,能够从天空背景中看到和辨认出目标物(黑色、大小适度)的最大水平距离。根据最大能见距离,能见度可分为0~9共10个等级,如表7-1所列。

表 7-1 能见度等级表

等　　级	能见距离/km	能见度鉴定	可能的天气情况
0	<0.05	最坏能见度	浓雾
1	0.05~0.2		浓雾或暴雪
2	0.2~0.5	坏的能见度	大雾或大雪
3	0.5~1		雾或中雪
4	1~2	能见度中等	轻雾或暴雨
5	2~4		小雪、大雨或轻雾
6	4~10	能见度良好	中雨或小雪

等　级	能见距离/km	能见度鉴定	可能的天气情况
7	10~20	能见度很好	小雨或毛毛雨
8	20~50	能见度极好	无降水
9	≥50		空气澄明

目标是否落在视场范围内,通过判别虚拟参战人员所处的位置、面部的朝向、与目标之间的相对关系和通视性进行判断。目标落在人眼的搜索范围内后,能否被参战人员发现,与目标到参战人员的距离、目标的大小、目标的运动速度、目标与背景的反差程度有关。

虚拟参战人员用人眼发现目标的概率为

$$P = P_{fi} \cdot P_{ob} \cdot P_d(R,s,v,k) \tag{7.1}$$

式中:P_{fi} 为目标落在人眼视场内的概率,等于 1 或 0,1 代表落在视场内,0 代表没落在视场内。P_{ob} 为目标与参战人员之间是否通视的概率,等于 1 或 0,1 代表之间通视,0 代表不通视。人眼与目标之间是否有障碍物,是通过虚拟现实的碰撞检测技术进行判断,从人眼处向目标发出一个虚拟激光轨迹体,若和视场中的其他物体发生碰撞,则二者之间有障碍物,通视的概率值为 0,反之,通视的概率值为 1。$P_d(R,s,v,k)$ 为目标落在人眼的搜索范围内,被参战人员发现的概率,R 为距目标的距离,s 为目标的大小(对应参战人员的正面面积),v 为目标的运动速度,k 为目标与背景的反差程度或对比度。

概率 P_d 可表示为

$$P_d(R,s,v,k) = \exp(-a_k \cdot a_s \cdot a_v \cdot a_R) \tag{7.2}$$

式中:a_k 为目标与背景的对比度影响因子;a_s 为目标的大小对比度影响因子;a_v 为目标的速度影响因子;a_R 为目标的距离影响因子。

考虑目标与背景的反差程度的影响因素,设目标的固有亮度为 L_{md},背景的亮度为 L_b,则目标的固有对比度 K_0 可表示为

$$K_0 = \frac{|L_{md} - L_b|}{\max\{L_{md}, L_b\}} \tag{7.3}$$

取目标与背景的对比度影响因子 $a_k = K_0$。

考虑目标大小的影响因素,其影响因子 a_s 可表示为

$$a_s = \frac{\sqrt{s}}{R} \tag{7.4}$$

考虑目标距离及大气能见度的影响因素,其影响因子 a_R 可表示为

$$a_R = \left(\frac{R}{R_m - 0.75R}\right)^2 \tag{7.5}$$

考虑目标速度的影响因素，设目标相对参战人员的相对运动速度为v，并将运动方向取为直角坐标系x轴的正方向，如图7-2所示。

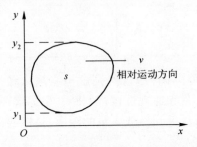

图7-2　目标与参战人员的相对运动关系图

目标在人眼视觉残留时间τ_r内移动的距离d为

$$d = v \cdot \tau_r \tag{7.6}$$

因此，目标在τ_r时间内所扫过的动态面积S_d为

$$S_d = S + d \cdot h \tag{7.7}$$

式中：S为目标相对参战人员的正面面积；h为目标在y轴上的高度，$h = y_2 - y_1$。

目标的速度影响因子a_v可取为

$$a_v = \frac{S}{S + v \cdot \tau_r \cdot h} \tag{7.8}$$

因此，目标落在人眼的搜索范围内，被参战人员发现的概率P_d为

$$
\begin{aligned}
P_d(R, s, v, k) &= 1 - \exp(-a_k \cdot a_s \cdot a_v \cdot a_R) \\
&= 1 - \exp\left(-\frac{|L_{md} - L_b|}{\max\{L_{md}, L_b\}} \cdot \frac{\sqrt{s}}{R} \cdot \frac{S}{S + v \cdot \tau_r \cdot h} \cdot \left(\frac{R}{R_m - 0.75R}\right)^2\right)
\end{aligned}
\tag{7.9}
$$

从以上分析可以得到如下结论：发现目标模型首先通过虚拟作战人员所处的位置、面部的朝向、与目标之间的相对关系及是否有障碍物，判断目标是否在虚拟作战人员的目视范围内，若是，则再根据目标与虚拟作战人员的距离、目标的大小、运动速度及与背景的反差程度，判断目标能否被虚拟作战人员发现。虚拟作战人员在获得了视距内目标的各类信息后，将这些信息传递给虚拟作战人员决策模型，根据小分队战术规则做出后续的作战行为动作。

7.3.2　机动模型

在小分队作战过程中，机动是指参战人员为适应作战情况的变化，从一个地点向另一个地点移动的行动，是小分队战术行动的高度抽象。

分布式虚拟战场中,小分队机动模型的基本功能是:能够确定各虚拟作战人员在虚拟地景环境下,所处的位置及其运动信息(包括运动速度和运动方向)。由于参战人员的行动受战术、运动方式、天气、作战时间、地形、道路、坡度、障碍、被压制程度、运动队形等诸因素的影响,因而构建机动模型时,必须在参战人员基本速度的基础上,采用系数修正法进行修正,以获得更加接近实战的模拟过程,使最终的作战模拟结果更加真实可信。

1. 机动速度

考虑战术的影响,参战人员以某种运动方式(主要包括步行、跑步、匍匐前进、滚进)进行机动,设 V_m 为理想条件下虚拟参战人员处于任何一种运动方式状态下的最大运动速度。

考虑天气的影响,设天气的影响因子为 w,则此时虚拟参战人员的运动速度 V 为

$$V = w \cdot v_m \tag{7.10}$$

考虑作战时间(主要是夜晚条件)的影响因子 N,则虚拟参战人员的运动速度 V 可描述为

$$V = w \cdot N \cdot v_m \tag{7.11}$$

考虑地形(主要包括土壤类型和植被种类)的影响,设土壤和植被的影响因子分别为 S、M,且这两者相互的影响非常小,则

$$V = w \cdot N \cdot S \cdot M \cdot v_m \tag{7.12}$$

考虑道路(主要包括道路的类型和道路的破坏程度)的影响,设道路类型和道路破坏程度的影响因子分别为 L、P,且这两者相互的影响非常小,则

$$V = w \cdot N \cdot S \cdot M \cdot L \cdot P \cdot v_m \tag{7.13}$$

考虑坡度的影响,由于随着坡度 G 的增加,参战人员的运动速度随之减慢,二者为线性关系,设参战人员能够通过的最大坡度为 G_m,则

$$V = w \cdot N \cdot S \cdot M \cdot L \cdot P \cdot \max\left(0, \frac{G_m - G}{G_m}\right) \cdot v_m \tag{7.14}$$

考虑障碍的影响,根据敌人所设障碍的种类,设相应的障碍影响因子为 H,其大小取决于障碍能够被越过的难易程度,则

$$V = w \cdot N \cdot S \cdot M \cdot L \cdot P \cdot \max\left(0, \frac{G_m - G}{G_m}\right) \cdot H \cdot v_m \tag{7.15}$$

考虑被压制程度的影响,根据参战人员受到的敌人火力威胁程度,设相应的影响因子为 F,则

$$V = w \cdot N \cdot S \cdot M \cdot L \cdot P \cdot \max\left(0, \frac{G_m - G}{G_m}\right) \cdot H \cdot F \cdot v_m \qquad (7.16)$$

根据小分队作战的特点,作战单元中的各参战人员需要互相配合、协同作战,有时为了保持作战单元的队形,各虚拟参战人员以最慢士兵的运动速度进行机动,设某作战单元中,有 n 个虚拟参战人员,在前述各因素影响下的运动速度分别为 $V_1, V_2, \cdots, V_n$,则

$$V = \min(V_1, V_2, \cdots, V_n) \qquad (7.17)$$

2. 机动位置及机动时间

通常情况下,陆军小分队作战时,作战人员的机动路线为一条折线,如图7-3所示。机动路线上有 n 个节点,各节点的坐标分别为 (x_k, y_k),$k = 1, 2, \cdots, n$,(x_1, y_1) 为参战人员的机动起点。在第 k 段的机动路线上,其起点为 (x_k, y_k),终点为 (x_{k+1}, y_{k+1}),则

两个节点之间的距离 R 可描述为

$$R_k = \frac{\sqrt{(x_{k+1} - x_k)^2 + (y_{k+1} - y_k)^2}}{\cos(\arctan G_k)} \qquad (7.18)$$

式中:G_k 为第 k 段机动路线的坡度。

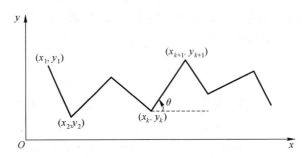

图7-3　作战人员的机动路线图

作战人员在该段的机动速度 V_k 根据式(7.17)的数学模型确定,设作战人员到达第 k 节点的时刻为 T_k,由此,到达第 $k+1$ 节点的时刻 T_{k+1} 为

$$T_{k+1} = T_k + \frac{R_k}{V_k} \qquad (7.19)$$

设 θ_k 为作战人员在第 k 段机动路线的方向角。

当 $x_{k+1} = x_k$,且 $y_{k+1} > y_k$ 时,$\theta_k = \pi/2$;

当 $x_{k+1} = x_k$,且 $y_{k+1} < y_k$ 时,$\theta_k = -\pi/2$;

当 $x_{k+1} > x_k$ 时,$\theta_k = \arctan(y_{k+1} - y_k)/(x_{k+1} - x_k)$;

当 $x_{k+1} < x_k$ 时, $\theta_k = \pi + \arctan(y_{k+1}-y_k)/(x_{k+1}-x_k)$。

因此,作战人员在某一时刻 T 的位置坐标为

$$\begin{cases} x = x_k + V_k(T-T_k) \cdot \cos(\arctan G) \cdot \cos\theta_k \\ y = y_k + V_k(T-T_k) \cdot \cos(\arctan G) \cdot \sin\theta_k \end{cases} \quad (7.20)$$

7.3.3 陆军小分队智能推理决策模型

陆军小分队的智能推理决策模型是虚拟战场环境中陆军小分队作战模拟模型中,最为核心的部分,可采用人工智能技术进行设计。在设计过程中,考虑到作战实体行为特征、作战环境、作战任务等影响因素的多样性,陆军小分队的智能推理决策模型也是多样的,主要包括决策分类模型、作战进程决策模型、威胁程度决策模型、兵力部署决策模型、分队战斗行动决策模型、单兵战斗行动决策模型和火力运用决策模型。

陆军小分队作战过程中,作战人员主要是以一定的陆军小分队战术规则和单兵动作规划为基础,对作战环境及战场态势进行感知,进而进行决策判断及后续的作战行动。因而,根据陆军小分队作战的特点,小分队的智能推理决策过程主要包括三大步骤:

(1)对目标的属性和状态、地形环境、大气环境、作战人员自身的位置及状态、交战双方的兵力人数的变化、交火程度、作战人员的运动方向,以及评估系统的需求等信息进行综合分析,决定采用何种决策模型(主要包括作战进程决策模型、威胁判断决策模型、兵力部署决策模型、分队战斗行动决策模型、单兵战斗行动决策模型、火力运用决策模型)进行推理决策。

(2)对第一步选定的陆军小分队决策模型,采用合适的推理方法,在相应的规则库中进行搜索,最终确定各个作战人员的作战战术动作。

(3)利用战术动作规划库,对第二步得到的作战战术动作进行战术动作规划,确定后续单兵战术动作的控制参数。陆军小分队智能推理决策流程框图如图 7-4 所示。

1. 陆军小分队作战决策规则库

陆军小分队作战决策规则库是智能推理决策的基础,根据小分队智能推理决策模型的分类,决策规则库通常可分为作战进程决策规则、威胁判断决策规则、兵力部署战术规则、分队战斗行动战术规则、单兵战斗行动战术规则、火力运用战术规则六大类库,其知识的表达可采用产生式规则来表示。产生式规则是智能决策知识表达中常用的方法之一,是一个以"如果满足某个条件,就应当采取某个操作"形式表示的语句,且各条规则之间的相互作用不大,其表达形式为

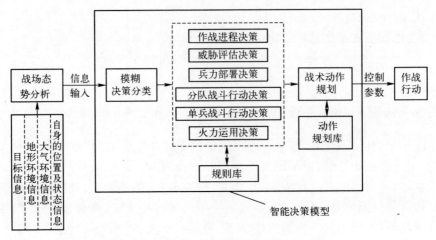

图 7-4　陆军小分队智能推理决策流程框图

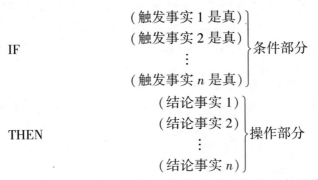

对于作战进程类的决策规则,其主要功能是对虚拟战场的整个作战过程进行划分,从而实现对整个作战过程的监控与管理。陆军小分队的作战进程主要分为 3 个阶段,即接敌阶段、交战阶段和撤退阶段。因此,作战进程类的决策规则是根据交战双方的兵力人数的变化、交火程度、作战人员的运动方向等因素对作战进程的各个阶段进行划分。

对于威胁判断类的决策规则,其主要功能是对敌目标进行威胁等级的判断和排序,为后续的作战人员火力运用提供重要的依据。威胁判断类战术规则的确定取决于目标的特征属性,主要包括目标的类型、数量、距离、运动速度、来袭方向、所携带武器的数量和性能,以及所攻击目标的类型、结构和性能。

对于兵力部署类的战术规则,其主要功能是根据战斗企图对战斗编成内的兵力兵器进行合理的任务区分、编组和配置,使小分队在战斗过程中围绕统一意图发挥整体最佳效能。陆军小分队兵力部署主要包括兵力部署样式、战斗编组、任务区分和兵力配置。其中:

（1）兵力部署样式规则是根据战场的正面和纵深确定小分队的兵力梯队部署样式。

（2）战斗编组规则是根据战斗样式和编成、敌情和地形条件、兵力武器的数量和任务需要确定编组的形式和兵力的比例。

（3）任务区分规则是根据敌情、战斗企图、兵力编成、战斗能力、准备程度、地形、天候等情况确定进攻方向、任务纵深、主要攻击方向、攻占地区和歼灭的敌人等作战任务。

（4）兵力配置规则是根据任务区分、战斗编组以及敌情、地形和战法等，将兵力武器合理布置在适当位置。

对于分队战斗行动类的战术规则，其功能是在战斗过程中，根据战场态势、作战任务判定小分队进行的主要作战活动。以进攻战斗为例，陆军小分队的战斗行动主要包括开进和占领进攻出发阵地、接敌和占领冲击出发阵地、开辟通路、冲击、突入敌阵地时的行动、抗击敌反冲击、第二梯队加入战斗和完成任务后的行动等。其中：

（1）开进和占领进攻出发阵地规则是根据攻击发起的时间、进攻方式、开进距离和速度、道路状况、敌情威胁程度、装备条件、地形、上级的开进计划、本级的兵力部署，确定开进的时机和方式、开进的部署和指挥，以及选择和隐蔽占领进攻出发阵地。

（2）接敌和占领冲击出发阵地规则是根据上级规定的时间、天气状况、地形、受敌火力威胁程度，确定接敌队形、展开战斗队形的时机和方法以及选择和隐蔽占领冲击出发阵地。

（3）开辟通路规则是根据战斗部署，冲击的兵力，破障能力和方法，敌障碍的种类、密度和纵深，火力准备和攻击发起的时间等，确定开辟道路的数量和宽度、开辟道路的时机和方法（强行开辟和秘密开辟）。

（4）冲击规则是根据敌火力威胁程度、开辟道路的数量和宽度、冲击距离、冲击目标的性质、地形，确定冲击的程式、队形和方法。

（5）突入敌阵地时的行动规则是根据当面敌情、地形、兵力部署和战斗发展情况，确定灵活的战法，歼灭敌人。

（6）第二梯队加入战斗的规则是根据战斗的发展、任务需求和地形，确定第二梯队加入战斗的时机和方向。

（7）抗击敌反冲击的规则是根据敌我力量对比、敌反冲击的性质、方向和企图，确定我抗反击的兵力兵器部署和火力打击时机。

（8）完成任务后的行动规则是根据敌情、地形情况，确定巩固阵地、转为上级预备队、搜缴残敌、撤离战斗地区等行动。

对于单兵战斗行动类的战术规则,其功能是在战斗过程中,根据战场态势、作战任务判定单兵作战人员进行的主要作战活动。单兵的战斗行动主要包括战斗准备、敌火下运动、利用地形射击和近迫作业、冲击准备与冲击、在敌阵地内战斗、壕内战斗、夜间运动。其中:

(1)战斗准备规则是根据上级及自身的战斗任务、协同作战的要求、有关信(记)号和方位物,确定武器弹药和物资器材的准备。

(2)敌火力下运动规则是根据敌情、任务、上级的指挥、火力掩护、烟幕迷茫、地形情况,确定前进路线、暂停位置、运动姿势和方法(直身前进、屈身前进、跃进、匍匐前进、滚进、跳跃和攀登等)。

(3)利用地形射击和近迫作业规则是根据地貌地物(田埂、土堆、弹坑、土坑、树木、墙壁、墙角、门、窗等)、上级指挥、邻兵动作、武器射击特点,确定射击时的姿势、停留的时间、前进的时机。

(4)冲击准备与冲击规则是根据地形、上级任务、自身任务、目标位置,确定构筑工事与伪装、武器和弹药准备、冲击路线、冲击时机、杀敌方式、杀敌时机。

(5)在敌阵地内战斗规则是根据战场情况、上级命令、敌火被压制或转移的情况,确定占领位置、射击位置、射击时机、射击阵地的转移时机。

(6)壕内战斗规则是根据壕内的地形特点、敌情、障碍物情况,确定前进、跃出、隐蔽、投弹或射击的时机。

(7)夜间运动规则是根据敌情、上级指挥、邻兵动作、地形、环境、气候的特点,确定前进方向、运动路线、隐蔽方式、隐蔽时机、还击时机。

对于火力运用类的战术规则,其主要功能是根据战斗任务、武器性能、目标性质和地形特点等情况确定对各种火力的组织和使用,目的是充分发挥各种武器的战斗效能,保障作战任务的顺利完成。其中:

(1)火力运用主要包括火力组织和火力使用,其中火力组织规则是根据武器性能及作战任务,对各种武器进行适当的编组和分工,明确占领发射阵地的时机、位置,规定打击的目标、顺序和射击方式及弹药消耗量,提出打击的目的,指定转移阵地的时机、方向,建立指挥关系和协同程式。

(2)火力使用规则是根据战场情况、目标的特点,确定打击目标的武器、弹药类型和射击方法,确定消灭目标的顺序,规定开火的时机和信号,适时发出开始射击、停止射击或转移(延伸)射击的信号;根据射击效果,进行校正射击;根据弹药消耗情况,适时指挥火力和武器机动。

2. 单兵战术动作规划库

单兵战术动作规划是为了完成规定的任务,将单兵的战术动作分解成从给定的初始状态到达目标状态的基本行为动作序列,单兵战术动作规划库包含了虚拟战场环境下作战人员进行单兵战术动作的所有基本行为动作序列。单兵战术动作主要包括步行、跑步、匍匐前进、滚进、跃进、跳跃、攀登、跪下、卧倒、射击等。

根据单兵战术动作的特点,其知识的表达可用框架的知识表达方法。框架主要用于表达问题的状态、操作过程及其相互之间的联系。框架系统的嵌套式结构便于表达不同层次的知识,通过扩充子框架,可进一步描述问题的细节。每个框架由一组槽组成,每个槽可以由任意多个侧面组成,每个侧面又可以拥有任意数目的值,其结构如图 7-5 所示。

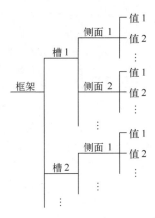

图 7-5　框架的知识表达结构图

以单兵战术动作中典型的匍匐前进为例,其动作可分解为以下几个子动作:调整自身的姿态,准备卧倒;卧倒;左胳膊向前移动;右脚后蹬。其中各子动作的属性可用控制变量、控制值、中止变量、中止值来描述,表 7-2 所列为"匍匐前进"的动作分解表。

表 7-2　战术动作"匍匐前进"的动作分解表

动作名	子动作	控制变量	控制值	中止变量	中止值
匍匐前进	调整姿态,准备卧倒	速度	0	头部纵坐标的变化量 $|z|$	$\neq 0$
	卧倒	θ	求值函数	头部与脚的纵坐标差值 $|h|$	$\leqslant A$
	左胳膊向前移动	α	求值函数	α	最大值
	右脚后蹬	β	求值函数	β	最大值
注:θ——躯干与地面的夹角; 　　α——左上臂与躯干的夹角; 　　β——右大腿与躯干的夹角。					

单兵战术动作"匍匐前进"的动作结构框架如图 7-6 所示。

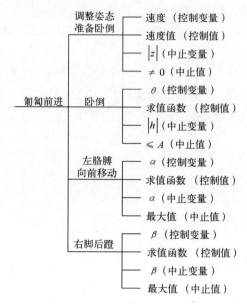

图 7-6　单兵战术动作"匍匐前进"的动作结构框架图

3. 不精确推理方法

陆军小分队智能推理决策判断模型需要根据目标的属性和状态、地形环境、大气环境、作战人员自身的位置及状态、交战双方兵力人数的变化、交火程度、作战人员的运动方向、本领域的作战战术知识,以及系统的需求等信息进行综合分析,进行综合推理决策判断,最终输出用于控制作战人员行为动作的参数。目标的属性和状态主要包括目标的类型、大小、速度、所处位置、交火程度等。在实际作战过程中,这些信息主要通过作战人员的感知获得,而受到人类的局限性,作战人员实际感知到的这些数据不可能完全准确地反映目标的真实情况,不可避免地带有一定的模糊性、不确定性。另外,目标的运动还受到地形环境和大气环境因素的影响,不同的目标所能通过的地形可能不同,在不同的环境中目标的运动速度也不同,因此地形环境和大气环境的影响也具有一定的模糊、不确定性。对于自身位置及状态信息的感知,在实际的作战过程中,也存在着一定的模糊、不确定性。对于小分队的作战战术规则的信息,均属于语义信息,更加具有模糊和不确定性。因此,小分队智能推理决策模型在建模过程中,可考虑采用人工智能的不精确推理方法进行设计和搭建。

目前常用的不精确推理方法主要有 3 种,即基于贝叶斯理论的概率推理、基于信任测度函数的证据理论和基于模糊集合论的模糊推理。

基于贝叶斯理论的概率推理方法是 1976 年由 R. O. Duda 等提出的一种不精确推理方法,它以概率论中的贝叶斯公式为基础,其知识的不完全、不确定性用概率来表示,因而,它适于所有命题(包括初始证据、中间假设和最终结论)的先验概率均已知的推理,即需要领域专家或者知识工程师必须将所有命题的先验概率都预先给出。另外,贝叶斯理论的概率推理方法要求:若一组证据同时支持一个假设时,则这组证据之间相互独立;若一个证据支持一组假设时,则这组假设之间相互独立。

基于信任测度函数的证据理论推理方法又称为 Dempster–Shafer 理论,是 1976 年由 Dempster 首先提出,1976 年由 Shafer 进一步发展起来的一种不精确推理理论,是经典概率论的一种扩充形式。它将证据的信任函数与概率的上下值相联系,可处理不确定性信息,当概率值已知时,证据理论方法就转化为概率论方法。证据理论要求辨别框中的元素满足互相排斥的条件。

基于模糊集合论的模糊推理方法是由 Zadeh 于 1965 年提出的模糊集合理论,到 20 世纪 70 年代又进一步提出模糊逻辑和可能性理论而形成的。它是将一个给定的输入空间通过模糊逻辑的方法映射到一个特定输出空间的计算过程。它能够充分利用现有的专家信息,将人的经验、知识等信息用适合计算机处理的形式表现出来,特别适合于对事物各方面的不确定性进行描述,同时由于模糊集合论对不确定性描述的细致性、充分性,导致了其推理计算的复杂性。

小分队智能推理决策模型包括决策分类子模型、作战进程决策子模型、威胁程度决策子模型、兵力部署决策子模型、分队战斗行动决策子模型、单兵战斗行动决策子模型和火力运用决策子模型,各子模型在建模时采用不精确方法中的哪种推理方法进行设计,需根据各决策子模型的特点和 3 种不精确推理方法的适用范围灵活确定。

7.3.4　命中与毁伤模型

命中与毁伤的模型与枪械射击命中概率和命中条件下毁伤概率的计算模型相类似,在此不再赘述,可直接应用第 3 章中的结论。

7.3.5　枪械作战效能评估模型

小分队对抗作战过程中,是以战斗结束后,作战双方人员的毁伤程度决定最终的胜负,因此在分布式虚拟战场环境中,枪械的作战效能指标可定义为

$$E_{fe} = \frac{(红方毁伤数) \times (蓝方剩存数)}{(蓝方毁伤数) \times (红方剩存数)} = \frac{\Delta m(n_0 - \Delta n)}{\Delta n(m_0 - \Delta m)} \tag{7.21}$$

式中：E_{fe} 为枪械系统的作战效能指标；m_0，n_0 为红蓝交战双方投入的初始兵力数；Δm，Δn 为交战过程中红蓝双方的毁伤兵力数。

7.4　分系统实现的关键技术

7.4.1　HLA 技术

HLA 主要由三部分组成：HLA 规则（Rules）、对象模型模板（Object Model Template，OMT）和接口规范（Interface Specification）。规则是保证在联邦（Federation）中，仿真应用（联邦成员）间能正确实现交互的原则和协定，描述各联邦成员的责任及它们与运行支撑环境 RTI（Run Time Infrastructure）的关系，是对象模型模板和接口规范说明的设计原则；对象模型模板定义了描述 HLA 对象模型的通用方法，提供标准的格式记录 HLA 对象模型信息，以促进仿真应用的互操作和可重用；接口规范定义了联邦成员和 RTI 之间的各种标准服务和接口，是联邦成员和 RTI 连接必须遵循的标准，包括可调用的服务和应提供的回调服务，分为联邦管理、声明管理、对象管理、所有权管理、时间管理和数据分发管理六大类服务。

HLA 显著的特点是通过运行支撑环境 RTI 提供通用的、相对独立的支撑服务程序，将仿真应用层同底层支撑环境功能分离开，即将具体的仿真功能实现、仿真运行管理和底层传输三者分离，隐蔽了各自的实现细节，从而使各个部分可以相对独立地开发，同时实现应用系统的即插即用。这样使 HLA 具有良好的升级和可扩展性能，适用于客观世界中所有时间特性的对象仿真需求，适应技术发展和用户需求发展的要求，并能实现仿真资源的重用和互操作，因此 HLA 标准的产生和发展，代表了仿真技术仿真的客观需求，采用 HLA 标准作为作战仿真系统的体系结构是必然的发展方向。

本书采用 HLA 标准的分布交互仿真技术，并充分考虑仿真信息在网络上的传输、网络上各节点仿真的同步运行、人机交互功能的实现等问题，搭建了由红、蓝方参与的、分布式虚拟战场环境下的枪械系统作战效能评估分系统框架结构。

7.4.2　虚拟战场环境生成技术

虚拟战场环境是整个分布式虚拟战场环境下半实物枪械作战效能评估分系统的基础，在陆军小分队对抗作战过程中，作战人员在很大程度上依赖虚拟战场环境生成的视景环境来判断周围的环境和自己所处的状态，并据此作出相应的决策和采取相应的战术动作,虚拟战场环境的质量在很大程度上也影响着仿真的逼真度和可信度。

根据陆军小分队的实际作战特点,在生成虚拟战场环境时,主要利用虚拟环境的建模技术和专用的建模软件(Multigen Creator 等)建立三维的地形地貌及武器和虚拟士兵的模型,并组成三维视景,再利用特殊效果的实时渲染技术、视听的渲染合成技术和专用的渲染运行软件(Multigen Vega 等)进行气象、光照、烟雾、气浪、尾烟、爆炸及声音等特殊效果的渲染,使建立的虚拟战场环境更加逼真。具体应考虑的问题如下:

(1) 三维地形地貌的生成:考虑到地形地貌在模拟作战过程中的特点(如道路、河流、湖泊、桥梁、树木等可能会遭到破坏而导致其状态的变化),在开发地形地貌的三维模型过程中,将地形地貌分成两部分——静态部分和动态部分,对这两部分采取分别建模的方法,再组合起来构成枪械作战效能评估系统的完整虚拟战场地理环境,这样也便于在场景变化时部分场景的替换,以减少系统的计算量,提高系统的实时性。

(2) 气象环境的建立:在气象环境建模时,需综合考虑能见度、云层范围、光源位置及类型等多种因素的混合效果,可采用 Vega 的专用模块(Environment)来实现。

(3) 武器与虚拟士兵的生成:主要包括各类枪械和与陆军小分队对抗作战相关的武器、车辆及虚拟士兵。对于简单的几何实体模型可采用 Creator 软件直接建模,对于复杂的几何模型可采用 3DMax 软件进行建模,再通过 Okino Polytrans 软件进行格式转换,最后将生成的 3Ds 文件导入到 Creator 软件中。在构建实体模型时,为增强模型的逼真度,应通过增加模型的平面数来细化模型,而这样在实时渲染时势必增加系统的开销,造成系统运行缓慢,可采用多级 LOD(Level of Detail)的方法解决。

(4) 特殊效果的仿真:主要包括烟雾、水柱、气浪、尾烟及爆炸效果,采用 Vega 的专用模块(Special Effect)来实现。

(5) 声音效果的渲染:主要包括战场的风声、海浪声和背景渲染声等环境声音,车辆的发动机噪声、武器的开火声音、爆炸声以及虚拟士兵在作战过程中发出的各种声音,采用 Vega 的专用模块(Voice)来实现。

7.4.3 作战想定生成技术

想定(Scenario)一词源于话剧,原意是剧本。在《中国人民解放军军语》中,想定的定义是:"敌我双方基本态势、作战企图和作战发展情况的设想,是根据训练课题、目的、敌我编制与作战特点结合实际地形而拟制的,组织和诱导战役、战术演习和作战的基本文书。"想定作为作战的实施计划和方案,是为了满足作战需要而出现的,它能够真实反映交战双方的兵力部署和作战方案,是对实际作战过程的设想。

对分布式虚拟战场环境下枪械系统进行作战效能评估时,需要在不同的作战环境、不同的作战想定条件下,通过陆军小分队对抗作战的方式,对不同的枪械系统进行不同的编配,并让其完成不同的作战任务,以更加全面地分析考核枪械系统在不同作战背景下、不同对抗条件下的作战效能。这就需要评估系统具有快捷、灵活的作战想定生成功能,能够根据实际需要随时灵活多变地改变作战仿真环境,以满足不同用户的需求。

一般情况下,作战想定主要包括战场环境信息、参战武器装备数据信息(包括类型和数量)、兵力编成与部署信息、作战战法、作战规则和作战任务等信息,对于小分队作战也不例外。为了满足上述需求,需针对小分队的实际作战情况及枪械评估分系统的需求开发小分队作战想定子系统。开发的作战想定子系统应具有如下功能与特点:

(1)开发的作战想定子系统能够根据枪械系统作战效能评估的需求,灵活多变地拟制相应的陆军小分队作战想定,以全面地分析考核枪械系统在不同作战背景下、不同对抗条件下的作战效能。

(2)开发的作战想定子系统不仅能够满足现有枪械系统的作战效能评估需要,而且随着各类新型枪械的不断问世,该子系统还能根据新型枪械作战效能的考核特点,生成相应不同的作战想定,具有良好的开放性和扩展性。

(3)开发的作战想定子系统具有良好的互操作性,可采用可视化的方法,用图形方式来表示模型,直观地反映模型的各种基本信息、特征以及模型与模型之间的结构关系。

(4)开发的作战想定子系统能够支持整个系统的分布式运行,开发时采用HLA/RTI标准,有机地集成到分布式虚拟战场环境中枪械效能评估系统中,并且能够与其他子系统无缝连接。

7.4.4　半实物仿真枪械技术

分布式虚拟战场环境下半实物枪械作战效能评估分系统是由虚拟场景和可实际操纵使用的半实物枪械装备来共同构成。半实物枪械装备包括训练科目所必须的枪械装备器材和辅助工具,参训人员借助这些实物来完成训练任务。借助这些实物参训人员可以获得丰富的真实体验感,同时它们也是沟通虚拟场景和现实训练的一座桥梁。本书中的半实物仿真枪械利用激光电子仿真枪,模拟"真枪实弹",模仿"真实的作战场景",进行单人或对抗下的射击训练,使得参训者可以更加了解自身的射击水平,培养个人的自信心、应变能力、射击和战斗技能,进而评估近似实战条件下的枪械系统作战效能。

半实物仿真枪械要能够模拟出枪械射击过程中的几个典型特征:一是子弹的发射;二是子弹发射时的声响;三是子弹发射时的后坐力;四是仿真枪空间的定位;五是子弹在虚拟空间的弹道解算。参训者在使用仿真枪械时,会获得与真枪击发相似的体验,能够感受到子弹击发的声响及一定的后坐力。另外,弹道解算获取的子弹飞行轨迹为判断子弹在虚拟空间是否命中目标对象提供基础数据。因此,半实物仿真枪械技术可分解为仿真枪械测控技术、空间定位技术、弹着点几何校正技术和弹道解算技术。

在开发分系统的半实物仿真枪械系统时,需要根据陆军小分队对抗、枪械效能分析的实际需求,遵循 HLA/RTI 标准进行设计,并将其分解成半实物仿真枪械测控、空间定位、弹着点校正与弹道解算 4 个子系统,具体技术方法与功能实现详见第 8 章。

7.4.5 兵力生成技术

分布式虚拟战场环境下半实物枪械作战效能评估分系统是以陆军小分队的对抗方式对枪械的作战效能进行评估的,作为陆军小分队的主体——虚拟士兵,其形象化的建模和仿真对增强整个系统的逼真性与沉浸感,起着非常重要的作用,因而虚拟士兵生成技术也是分系统搭建的关键技术之一。

士兵在对抗作战过程中,其战术动作极为复杂,既有站立、步行、跑步等简单的基本战术动作,又有匍匐前进、滚进、跃进、跳跃、攀登、下蹲、跪下、卧倒、射击等复杂的战术动作,要完成这些战术动作,需要身体各部分的协调配合运动才能完成。因而在建立虚拟士兵模型时,需要根据复杂的陆军小分队战术动作特点,进行虚拟人体的几何建模和运动控制。

虚拟人体的几何建模是指在虚拟现实环境中,根据真实士兵的几何人体形态参数和组织结构数据,以人体系统为原型、人体坐标为参考系,进行逼真的三维人体几何再现。人体几何建模的方法很多,主要有线框建模、实体建模、曲面建模、物理建模和分层建模,根据各种建模方法及作战效能评估系统运行的特点,可采用实体建模的方法对虚拟士兵进行几何建模。另外,由于单兵战术动作的复杂性,要想逼真地再现真实的虚拟士兵,建模时需要尽量细化人体的各部分的细节。另外,人体几何模型建好后,还可在其表面贴上相应的纹理,增加光照,并添加不同的服装、武器和装备,以增强虚拟士兵的逼真性。

虚拟人体的运动控制是指根据人体的运动模型及其各部分的运动关系,采用运动函数对虚拟几何模型进行直接控制,确定各个关节的角度及其位置,以实现逼真的虚拟人运动,完成虚拟士兵的各种复杂的战术动作。目前,虚拟人的运动控制方法主要有:关键帧方法、正向或逆向运动学法和动力学方法,根据各种运动控制方法及作战效能评估系统运行的特点,可采用逆向运动学的方法对虚拟士兵进行运动控制,其优势是先连接关节的末端关节位置,再根据各关节间的约束关系,即可反向确定其余各关节空间结构参数,从而获得各关节运动的驱动数据。

计算机生成兵力(Computer Generated Forces,CGF)又称之为半自动兵力(Semi-automated Forces,SAF),也是分布式虚拟战场环境下半实物枪械作战效能评估分系统的重要组成部分之一。它是由计算机系统生成和控制的单个或多个对抗的仿真实体,不仅能够模拟虚拟战场中虚拟士兵和各类武器的动作行为,而且能够模拟虚拟士兵的智能行为,并在虚拟战场环境中能够自主地进行相互间的交互,构成威胁环境或充当己方、友方的兵力,以扩大虚拟战场的规模、实体种类和数量,从而提高虚拟战场环境的复杂度和逼真度,增强参训人员的沉浸感,降低整个系统的搭建成本。

在开发分系统的 CGF 时需要注意如下几个问题:

(1) 由于计算机系统的容量有限,因而需尽量简化陆军小分队 CGF 内各仿真实体的模型,以增加仿真的兵力个数。

(2) 陆军小分队 CGF 的实体行为必须满足实际战场上的作战规则及物理规律,其实体模型主要包括目标搜索模型、机动模型、虚拟士兵战术动作模型、智能推理决策模型、武器系统模型、命中与毁伤模型等。

(3) CGF 可作为总体系统中的一个联邦成员,开发时采用 HLA/RTI 标准,以便于与总体系统的集成,以及与其他子系统之间的通信。

(4) 在 CGF 内部,采用面向对象的软件设计思想,把虚拟战场环境中需要建模的虚拟士兵和武器系统看成是对象,并把对象的参数和行为封装其内,各个对象间通过消息来传递信息,使 CGF 系统具有良好的开放性和扩展性,提高系统的可维护性和重用性。

(5) 开发分布式虚拟战场环境中的半实物枪械作战效能评估分系统,考虑到网络的负载能力,需采用聚合级 CGF 的方法,对一定规模的作战单位的作战行为进行足够的建模,使它在虚拟环境中能够自动完成与真实的作战单元(如一个步兵班)相同的任务,实现作战单元内部各实体间的交互与合作行为,具有一定的自治性,同时 CGF 还可以接受操作者的控制。

7.4.6 数据库的生成与管理技术

分布式虚拟战场环境下半实物枪械作战效能评估分系统在运行过程中,一方面需要大量的原始数据提供给各类模型进行计算,另一方面在运行时系统又会产生大量的实时数据需要存储,因而需要建立合理的数据库来存储这些数据。这些数据库按照功能可分为:战场地景数据库,大气环境数据库,部队编制数据库,各类枪械的性能数据库,虚拟士兵模型数据库,陆军小分队作战决策规则数据库,战术动作规划数据库,战术基本动作数据库,各类数学模型库(如目标搜索模型、虚拟士兵机动模型,以及外弹道、命中和毁伤等计算模型),记录仿真作战过程实时产生的各实体状态信息数据库以及仿真结束后进行结果效能分析或回放演示所需信息的数据库。

在开发分系统的数据库及管理分系统时,需要根据陆军小分队对抗、枪械效能分析的实际需求,将其作为一个联邦成员,遵循 HLA/RTI 标准进行设计,以满足仿真开始时的整个系统的初始化、仿真过程中各类模型的计算以及作战推演过程中和仿真结束后效能分析计算的需要。

第8章 分布式虚拟战场环境下半实物枪械作战效能评估分系统开发与实现

本书采用虚拟现实技术、战场信息化技术、空间三维定位技术、图像采集与处理技术、智能控制技术、半实物仿真技术、弹道学等相关理论技术,建立近似实战的虚拟战场环境,并根据作战任务要求,设置不同的战场环境,模拟各种气象和地形条件,进行单兵或陆军小分队对抗作战模拟训练,实现虚拟战场环境下的枪械系统作战效能评估。

8.1 总体设计

分系统是一个半实物仿真的单兵或陆军小分队对抗战术演练与作战效能评估平台,采用虚拟现实与实物相结合的设计思路,通过战场信息化技术、空间三维定位技术、图像采集与处理技术、智能控制技术、半实物仿真技术、弹道学等相关理论技术,充分利用计算机仿真模拟系统和强大的数据处理能力,全天候提供对抗战术演练与半实物仿真枪械作战效能评估的平台环境。

如图8-1所示,分布式虚拟战场环境下半实物枪械作战效能评估分系统是由以下几个子系统构成:仿真管理总控子系统、虚拟战场环境生成子系统、想定生成子系统、兵力生成子系统、仿真枪械测控子系统、弹着点校正子系统、空间定位子系统和弹道解算子系统。

分布式虚拟战场环境下半实物枪械作战效能评估分系统是以计算机系统为核心的半实物仿真系统,

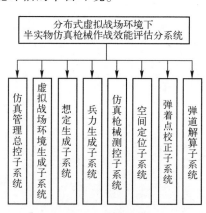

图8-1 分系统结构图

根据具体的应用情况由仿真管理总控子系统启动战场想定生成,从虚拟场景数据库中调入对应的场景数据,场景驱动系统根据场景数据,利用大屏幕投影提供虚拟训练三维场景影像,配合相应的环境音响和灯光效果为参训人员提供虚拟对抗训练环境,参与虚拟训练的人员使用仿真枪械做战术动作进行瞄准射击。仿真枪械利用红外激光发射管发射的激光来模拟射击过程,红外激光在大屏幕上的落点会被图像采集系统捕获,根据其图像采集系统获得的落点,经几何校正后,与空间定位系统参数结合,进行数据处理,之后传递给仿真管理总控子系统,由弹道解算系统对枪械击发时的发射诸元进行解算,推算子弹的运动轨迹,然后根据场景中目标位置与子弹轨迹进行比对,确定作战毁伤效果,由作战评估系统给出参训人员此次训练的成绩评定,进而得出近似实战环境下的枪械系统作战效能。

分布式虚拟战场环境下半实物枪械作战效能评估分系统的场地布局如图 8-2 所示。

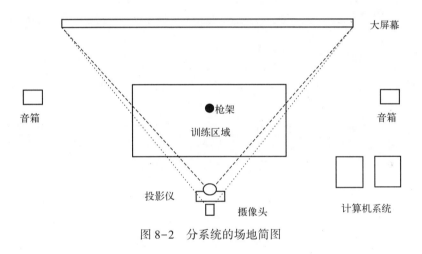

图 8-2　分系统的场地简图

8.2　仿真管理总控子系统

8.2.1　硬件平台介绍

子系统的基本硬件配置如表 8-1 所列。由于经费、场地等条件限制,本书仅搭建了由两台计算机组成的仿真评估硬件系统。根据实际应用的需要,如多人参训的对抗训练科目,则可以根据具体情况增加计算机从机、仿真枪械等设备。

表 8-1　系统基本硬件配置表

名　　称	数　量	配　　置
计算机(主机)	1	CPU P41.6GB 及以上 独立显卡 128MB 及以上 内存 1GB 及以上 网卡 10M/100M
计算机(从机)	1	CPU:P41.6GB 及以上 内存:1GB 及以上 1394 接口 网卡 10M/100M
投影仪	1	分辨力 800×600 及以上 亮度 2500lm 及以上
CCD 摄像头	1	可捕获红外光
仿真枪	1	—
音箱	2	—

8.2.2　子系统的组织结构

子系统的软件系统主要配置在二台或者二台以上的计算机中。其中一台是主机,其余为从机。

如图 8-3 所示,主机作为仿真管理总控联邦成员,安装有仿真管理总控程序、作战想定生成子系统和主控程序。从机也作为一个联邦成员,安装半实物仿真枪械子系统、兵力生成子系统、虚拟战场环境生成子系统,其中半实物仿真枪械子系统又包含仿真枪械测控子系统、弹着点几何校正子系统、空间定位子系统、弹道解算子系统。

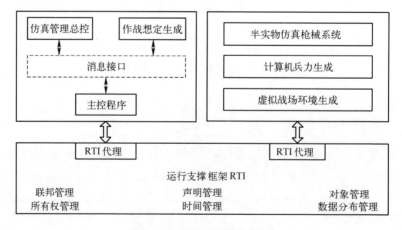

图 8-3　软件系统结构框图

仿真管理程序用于设置枪械参数、获取训练评价结果、打印训练成绩等；同时通过消息接口，启动作战想定生成子系统，设置训练任务、兵力配置、相关战场环境参数，是一个独立的应用程序。当用户完成设定后，系统根据用户设定的内容通过消息接口向主控程序发送启动训练的指令。

主控程序是应用整个分系统中的控制核心，其中包括两种外部接口，用于与外部程序进行通信：一种是消息接口；另一种是 RTI 接口。

其中消息接口是 Windows 系统重要的通信方式，在仿真管理程序与主控程序之间采用这种通信方式。Windows 系统中的应用程序具有自己独立的地址空间，不同应用程序之间不能直接通过内存地址进行相互访问，应用程序之间可以通过互相发送消息进行一些简单的信息交流。尽管应用程序之间通信的方式有很多种，但是考虑到仿真管理程序、作战想定生成子系统与主控程序之间交换的信息很少，并且对实时性要求不高，因而采用了消息传递这样的简单通信方式。

RTI 接口是 HLA 接口规范的具体实现，用于 HLA 联邦运行过程中按照"联邦成员接口规范"，为同步和数据交换提供公共接口服务，其目的是将仿真应用和底层通信等基本功能相分离。仿真分系统中主机和从机联邦均按照 HLA 接口规范同 RTI 进行数据交换，分系统中的主控程序通过该接口，实现与虚拟场景、虚拟士兵实体以及半实物仿真枪械的测控、弹着点几何校正、空间定位、弹道解算子系统之间的同步和数据通信。

半实物仿真枪械系统主要包括仿真枪械测控、空间定位、弹着点几何校正、弹道解算子系统，用于模拟枪械后坐力和子弹的发射、声效、弹道轨迹。其中弹着点几何校正子系统中内含图像采集系统，通过摄像头采集红外激光在大屏幕上的落点。

计算机生成兵力子系统用于生成虚拟士兵实体，更加形象地在虚拟战场环境下模拟参战人员的形体及其战术动作、行为和路径规划，增强整个系统的逼真性与沉浸感，以及作战效能评估的真实度和近似度。

虚拟战场环境生成子系统用于战场视景的生成，是战场环境仿真的基础。主要利用虚拟环境的建模技术和专用的建模软件（Multigen Creator 等）建立三维的地形地貌（包括武器和虚拟士兵的模型），并组成三维视景；再利用特殊效果的实时渲染技术、视听的渲染合成技术和专用的渲染运行软件（Multigen Vega 等）进行气象、光照、烟雾、气浪、尾烟、爆炸及声音等特殊效果的渲染，使建立的虚拟战场环境更加逼真。

8.2.3 仿真管理程序

仿真管理程序是一个独立的应用程序，用于实现整个分系统的初始化，启动作战想定生成子系统,对参训人员进行成绩评定,提供子系统的帮助信息功能,图8-4为其主界面。

图8-4　子系统管理程序主界面

1. 初始化模块

本系统中的激光弹着点几何校正子系统和空间定位子系统在安装之后,首先要对其目标系统的相关参数进行校正和设定,如对大屏幕投影的高度、宽度、相对摄像头的位置等参数进行设置。

2. 作战想定生成模块

本分系统是通过虚拟战场环境下的对抗科目训练对枪械系统进行作战效能评估,在开始对抗科目训练之前,首先启动作战想定生成子系统,设置和选择训练任务、兵力配置、战场环境等相关参数和内容,输入参训人员的个人信息等。

3. 成绩评定模块

在参训人员完成某一科目训练之后,系统会根据其训练情况进行打分评定,在此处可以浏览到评定结果。

4. 帮助模块

帮助模块为用户提供本分系统的功能描述和具体使用方法以及常见问题的处理等信息。

8.2.4　主控程序

主控程序是本分系统软件部分的核心,起到分系统中可视化仿真运行框架的作用,其中包含 RTI 接口模块、管理器模块和弹道解算模块、Vega 场景驱动模块等,如图 8-5 所示。

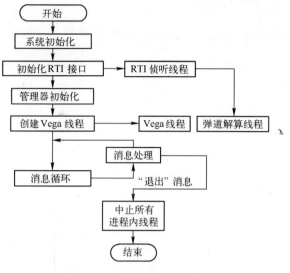

图 8-5   主控程序流程框图

主控程序是由仿真管理程序启动的,启动后首先对系统中要使用的资源进行初始化,并对管理程序中设定的配置参数进行读取。之后初始化 RTI 接口,建立一个 RTI 接口列表,对多个 RTI 端口进行侦听,等待从机相应的 RTI 接口程序进行连接请求,侦听过程通过建立一个独立的 RTI 侦听线程实现。主控程序接着对管理器进行初始化,然后创建 Vega 线程,在这个 Vega 线程中场景被不断地更新渲染,得到目标虚拟场景。

当参训人员进行射击时,射击的相关信息由配置在从机上的数据采集处理程序捕获,并通过 RTI 接口传递给主控程序的侦听线程,该线程与主控程序并行工作,主程序控制的训练科目结束后,给侦听线程发送一个中止信号,结束该线程,停止渲染,整个程序至此结束。

8.3   虚拟战场环境生成子系统

虚拟战场环境生成子系统是战场环境感知仿真的一个重要应用,它由软件系统、数据库系统和硬件系统三部分构成。其软件系统主要包括战场环境建模软件、场景纹理生成与处理软件、立体图像生成软件、观察与操作控制软件、分析应用 GIS 软件等;数据库系统主要包括战场地景数据库、三维环境模型数据库、武器装备数据库、环境纹理影像数据库、应用专题数据库等;硬件系统主要包括计算机、声像处理系统、感知系统等。虚拟战场环境生成或者称为战场视景生成,是战场环境仿真的基础。

8.3.1 虚拟场景的建模技术和优化技术

建模是虚拟现实最重要的研究领域之一,也是虚拟现实软件重要的组成部分。要在计算机中模拟现实世界,就必须建立在外形、光照、质感等各方面都与真实对象相似的对象模型。三维视觉建模主要包括几何建模、运动建模、物理建模、对象特性建模以及模型切分等,分系统进行场景建模时主要应用了几何建模技术和基于 MultiGen Creator 的模型数据库优化技术。

1. 几何建模技术概述

对象的几何模型是用来描述对象内部固有几何性质的抽象模型,对象中基元的轮廓和形状可以用点、直线、多边形图形、曲线或曲面方程,甚至图像等方法表示。

几何模型一般可以表示成分层结构,既可以使用自顶向下的方法将一个几何对象分解,也可以使用自底向上的构造方法重构一个几何对象。

建造模型的首要工作是收集模型的数据资料,同时为了确保数据准确、可靠和全面,还应该到实地去考察,确定应建造模型种类、数量、位置以及对应名称,根据物体尺寸建造几何模型。几何模型建完后,还应该对所采集的纹理做适当的加工处理,然后根据实际情况对几何模型进行纹理映射,从而得到初步模型。接着要把初步模型加入仿真系统进行验证,直到确认模型符合实际要求后,才形成最终模型。

建造模型时,要明确建模的目的和要求。目的和要求不同,模型建造的复杂度也必然不同。一般来说,模型的建造要遵循两条最基本原则:

(1) 数据的可靠性。建模时,收集的数据和有关信息必须准确可靠,否则会造成很大偏差。

(2) 模型必须与原型具有某种程度的相似性,相似性是建模的基础。模型建好后还应该反复验证,直到满意为止。

2. MultiGen Creator 概述

MultiGen 是图形工作站上著名的实时三维仿真建模工具软件,它主要考虑如何生成逼真的大面积地形、地貌等地理环境模型,以及如何提高模型的实时性。MultiGen Creator 是一个交互式的、三维的、实时的建模软件,可创建、编辑和浏览视觉仿真的三维场景。

MultiGen Creator 包含了一整套建造层次结构数据库的强大工具集。图 8-6 所示为 MultiGen Creator 的图形编辑界面,它是多文档界面,包括了图形视图和层次数据库视图。层次数据库是用来描述图形的数据格式,即模型保存的文件格式(*.flt)。图形视图则直观地显示了数据库所描述的图形。

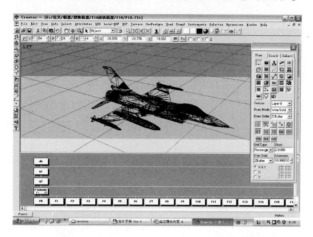

图 8-6　MultiGen Creator 的图形编辑界面图

MultiGen Creator 的图形视图用来浏览用户所创建的模型。用户就是在这个图形窗口编辑各种模型。"所见即所得"体现在,用户每编辑一个模型,MultiGen Creator 都立刻在它的图形视图窗口中显示出来,并在它的层次数据库中记录了所编辑模型的数据。

MultiGen Creator 的层次数据库视图是 MultiGen 的根基,它用来存储、记录用户建造的各种模型。层次结构是一种可视化的数据结构,主要体现在它直观地表达了数据库各个组成部分。选中了层次结构中的任何集合(对象或面)之后,它的图形视图就会自动选中了相应的多边形。同样地,在图形视图选中了多边形后,在层次数据库里也能显示出被选中的各个多边形面。

3. 纹理映射技术

纹理映射是一个用来简化复杂几何体的有效办法。利用纹理映射,可以以很低的代价来生成复杂的视觉效果。纹理映射技术的使用将极大降低场景的复杂性,实现逼真度和运行速度的平衡。

纹理可以通过数码摄影或者扫描各种图片获取原始素材,然后再经过适当的编辑加工获得。纹理空间是一个分别以 u,v 作为水平和垂直轴的坐标空间,纹理图像在该坐标空间的左下角和右上角的坐标分别是(0,0)和(1,1)。纹素和像素(pixel)是完全不同的两个概念,像素是指显示终端屏幕坐标空间的最小单位。因为二维纹理图像最终要映射到三维模型对象表面上,所以纹素的实际显示大小由二维纹理图像的分辨率和纹理映射过程中的缩放比决定。图8-7所示为纹理映射原理。

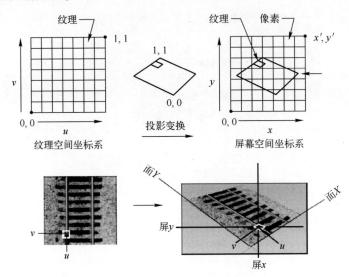

图8-7 纹理映射原理

4. 实时场景生成的优化策略和相关技术

模型数据库最终需要通过实时系统进行调用和检验实时仿真系统,在对虚拟场景中所有的物体进行准确重绘的同时,还要实时响应各种外部输入信息,所以必须像重视建构模型本身一样重视对模型数据库的调整和优化。下面介绍几种在 MultiGen Creator 中常用的模型数据库优化技术。

1)模型对象实例化

实例(Instance)是指对模型数据库中某个模型对象的一个参考副本,由于通过实例化创建的模型副本并不增加模型数据库的实际多边形数量,所以,创建模型数据库的过程中适当使用模型实例,可以节省系统的内存空间和磁盘存储空间,同时还可以改善实时系统的处理性能。

2)外部引用模型数据库

在一个模型数据库中还可以对其他模型数据库进行外部引用,相当于一个指向其他模型数据库的指针,而不需要将其中的模型对象复制粘贴到当前的模型数据库中,通过外部引用,可以有效降低模型数据库的规模,节省内存空间和存储空间,方便建模操作,提高系统资源的利用率。

3) 减少多边形数量

任何实时系统的图形硬件,在一个给定的帧频率下都只能对有限数量的多边形进行各种实时计算处理,该限制称作"多边形预算"。在不影响视觉效果的前提下,尽量减少多边形的数量是非常有必要的。

4) 调整数据库层级结构

使用 MultiGen Creator 创建 OpenFlight 模型数据库,是按照一定层级结构组织各种节点的方式描述和储存虚拟场景信息的,模型数据库中节点的层级结构组织方式在很大程度上决定了模型数据库的实时应用性能,所以,应该尽可能根据实时系统对数据的剔除和绘制要求进行优化。

8.3.2　虚拟轻武器射击靶场的创建

本部分主要运用虚拟场景生成技术,通过创建基本靶场模型和射击常用的目标靶模型,并将基本靶场模型放置在具有明显起伏特征和丰富地物特征的地形环境中,以及编程设置目标靶模型的运动状态,实现虚拟轻武器射击靶场的创建。

1. 地形仿真建模

地形仿真建模是根据地形的高程数据和纹理数据,构建出三维图形模型,并利用计算机图形技术完成实时渲染的过程。与传统的二维地图相比,它能直观地从视觉上提供地形的起伏和纹理信息,具有很强的真实感。

1) 基于 MultiGen Creator 地形仿真建模的基本原理

地形仿真建模是一个复杂的系统工程,而三维地形模型数据库的创建又是其核心内容,对于一定的地形范围来说,建立一个组织有序、效率较高、实用性强的地形数据库可以说是一个反复试验的过程。图 8-8 所示为构建虚拟地形环境的试验方法。当然,在这过程中可以通过预先仔细的计划、准备与测试来减少反复试验的次数。具体来说,一个典型的地形仿真建模主要包括以下 6 个步骤。

(1) 规划地形数据库:明确所要达到的仿真目标,并确定现有实时系统的硬件环境与软件平台是否能满足要求。

(2) 准备地形数据:收集建立地形数据库所必需的数据,并对其进行必要的格式转换。

(3) 创建测试地形:使用一小部分原始高程数据作为样本,创建一个测试地形数据库,并在实时系统平台上对其进行针对性的测试。

（4）完善地形模型：地形测试成功后就可以在目标区域范围内映射纹理和其他特征数据，首先应该确定仿真需要哪些特征数据，而且在确保这些特征数据准确无误的前提下应尽量减少特征数据的数据量。

（5）检验与优化：在实时仿真系统中运行映射和其他特征数据的地形模型数据库，检验它的性能（包括每一个细节层次，确保相邻 LOD 之间能够平滑过渡），并根据检验结果进行优化。

（6）添加地物模型：地形模型数据库检验通过后，在实时系统资源允许的条件下，可以向地形模型数据库中添加各种地物模型以丰富地形仿真的视觉效果。地物模型可以直接在 MultiGen Creator 中创建，也可以使用其他应用程序创建的三维模型（需要进行必要的转换和调整）。

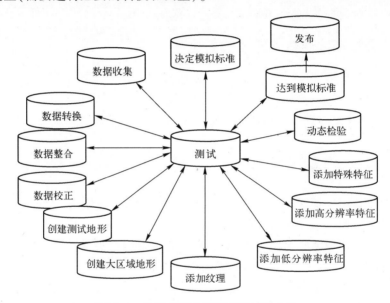

图 8-8　构建虚拟地形环境的试验方法

2）地形建模中 LOD 技术的应用

由于数字地面模型或数字高程模型生成的三维模型数据库过于庞大，通常包含了超过图形硬件实时处理能力的三角形，而且地形模型纹理容量也可能超出了硬件纹理内存的容量，实时系统往往不能实时处理这样规模的地形数据库。对于过于复杂的地形数据库，通常使用多细节层次技术，即 LOD（Lever of Detail）技术进行简化。

LOD 是指根据不同的显示要求和观察要求，采用不同细节表达程度上的模型来表示同一对象。LOD 的实现方式可分为离散型、连续型和多分辨率型 3 种方式。

（1）离散型 LOD。这是最简单的一种模型简化方式，只需为模型设定一组不同细节程度的版本，配合固定的 LOD 转换范围即可。

（2）连续型 LOD。它可以在实时运行的过程中简化模型数据库，一般通过迭代运算进行包括删除顶点、折叠多边形等在内的各种操作，从而得到简化的模型数据库，设置可以实现任意程度的细节模型。

（3）多分辨率型 LOD。它可以使同一个模型数据库的不同区域拥有不同的细节程度，这种方法特别适合于对大面积地形数据库的简化，仿真运行过程中可以根据视点的实际位置对模型数据库进行有针对性的简化，从而可以更好地保证仿真应用中的空间连续性和时间连续性。

2. 虚拟靶场建造的过程

本书的虚拟轻武器射击靶场是对目前常见的轻武器射击靶场建模来实现的。除了对基本靶场建模外，还将基本靶场模型放置在一定的地形环境中，包含了小高地、草地、道路、树丛、房屋以及独立树等各种地形地物特征。另外，还建立了目前我军射击常用的几种靶形的模型，并编程控制目标靶模型的几种不同运动状态。

1）地形的创建

（1）三维地形模型库的生成。虚拟轻武器射击靶场的地形区域面积较小，本书采用 MultiGen Creator 软件提供的 Delaunay 算法生成了 TIN 表示的具有 64 个多边形的地形表面，如图 8-9 所示。

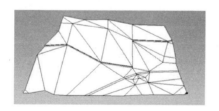

图 8-9　具有 64 个三角形的 TIN 表示的地形表面图

Delaunay 算法的特点是它生成的地形模型数据库中包含的多边形数量较少。该算法中使用的参数都可以在地形窗口 Triangle 面板中进行设置。通过使用 MultiGen Creator 提供的 Delaunay 地形修正工具—Modify Delaunay 对该地形模型进行修正，将原地形重新进行三角形化，有效突出特定区域中的地形特征，以获得更生动的仿真效果。

（2）地形纹理映射。MultiGen Creator 支持多种纹理映射方式，并支持以下几种特殊的地形纹理映射。一是 Geospecific（地形）纹理：Geospecific 纹理是一种带有地理信息(图像的经纬度)的纹理,可以将纹理中的纹素准确匹配真实世界中的特殊位置,自动完成纹理贴图。二是 Clip 纹理:Clip 纹理是指将大的 Geospecific 纹理分割为若干小的纹理文件,实时仿真系统只将当前帧需要的纹理调入内存,同时将不再需要的纹理从内存卸载。三是 Mipmap(图幅)纹理:Mipmap 是同一纹理的多种分辨率版本,这样实时系统在多边形大小小于纹理的原始尺寸时可以换用低分辨率纹理。

2) 地物的创建

虚拟轻武器射击靶场中的地物除了基本靶场模型和目标靶模型外,还包含了房屋和独立树等各种起修饰作用的地物,这些地物模型的加入使场景模型特征丰富,具有较强的真实感。

(1) 房屋模型的建造。靶场中的房屋构造都是典型的箱体式建筑,可以看作屋顶面和各个铅直外墙面的组成。房屋的建造过程基本类似,一般是首先建立概略模型,即只包括墙和屋顶等大致轮廓的模型,然后向房屋两侧添加突出来的外围屋角,接着添加门窗、烟囱等,最后在删除隐藏面、简化模型的基础上进行纹理映射。由于房屋的表面并不是一个简单的平面,而是具有门窗、涂层、框架结构的复杂图案表面,这些房屋模型的细节如果也采用三维模型来表示,将大大增加模型的复杂度,而通过纹理映射的方法来模拟出这些细节,就大大降低了工作量。图 8-10 为纹理映射后的房屋模型。

(2) 基本靶场模型的建造。通过对某轻武器射击场的结构进行观察,并测量其各部分尺寸,以它为蓝本设计了一个基本靶场模型。由于虚拟靶场的用途主要是模拟单兵对目标靶的射击情况,因此对基本靶场的建模做了适当的简化,从现实景物中提取了重要的几个部分:围墙、草地、射击棚以及靶前方的受弹体。因为这几个重点组成部分就可充分地表现真实场景,同时更为重要的是,建成的模型中在不影响视觉效果的前提下,尽量减少了多边形的数量,从而提高了虚拟场景实时仿真的运行效率。图 8-11 所示为基本靶场的模型。

图 8-10　纹理映射后的房屋模型图

图 8-11　基本靶场的模型图

(3) 目标靶模型的建造。根据目前我军射击常用的几种靶形,包括胸环靶、半身靶以及侧身跑步靶等,分别对其进行了建造。在目标靶的建造过程中,并不

126

是像书中的其他模型一样，按照物体的空间结构对模型的节点进行组织，而是考虑到要对目标靶的运动状态以编程的方式进行设置，因此对目标靶模型的节点进行组织时，做了一些特殊处理，这样便于在程序代码中调用目标靶中关键的部位。以胸环靶为例，其节点组织方式如图8-12所示，将胸环靶模型分为3个Object节点，分别是RingArea、WhiteArea、Other，分别代表胸环靶中子弹有效命中部位、无效部位和其他如靶杆等结构。先建立基本模型，然后对其进行纹理映射。图8-13即为纹理映射后的胸环靶模型。

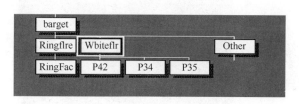

图8-12　胸环靶模型节点组织图

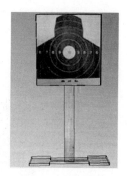

图8-13　纹理映射后的
胸环靶模型图

　　虚拟靶场能通过大屏幕投影模拟各种类型的靶对象，利用软件控制和模拟靶的状态，可以根据训练科目的要求实时地调整靶的各种参数，满足各种训练科目的要求。还可以根据需要，修改靶的颜色、外观、尺寸，调整靶的距离、运动方式；设置射击的气象条件，在虚拟场景中表现各种各样的气象状态，改变靶场的外观，可以充分利用虚拟对象的可重塑性，满足训练科目的训练需求。

　　（4）独立树模型的建造。场景的电线杆或树木等对称性物体使用一个二维的公告牌多边形进行建造，再做纹理映射透明，使其看起来具有逼真的三维效果。图8-14所示为公告牌多边形实例图。

　　3）地物模型与地形模型的匹配

　　在地球引力场的作用下，任何地物模型总与地形发生不同程度的关系，即地物一定要与地形进行匹配。在实际三维场景的构建中，如果地物没有与地形相融合（或匹配），就会造成诸如地物飘在空中或钻入地下的情景。下面以房屋与地形的匹配为例，介绍两种地物模型与地形匹配的一般方法。房屋与地形匹配的方法有两种：

　　（1）改变房屋模型。与地形的合成中，首先寻找出房屋覆盖的地形面片中的最高点和最低点，然后将模型的水平基准面放在最高点，最后构造房屋基准面

127

之下的模型。

（2）改变地形模型。如果是城市街区等地形，其水平基准面相同，可以通过对地形模型的改造完成。可将多边形内的网格点高程置平，将多边形剖分，并将多边形经过的网格进行重新剖分。

在完成上述工作后，为地形表面添加一条道路，该道路模型能够与周围地形多边形无缝连接，从而与地形能够恰当匹配。最后，为地形模型不同区域的多边形表面选择不同类型的纹理文件和相应的纹理映射方式。图 8-15 所示为虚拟轻武器射击靶场在实时显示状态下的部分视景截图。

 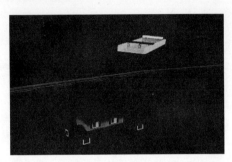

图 8-14　公告牌多边形实例图　　图 8-15　虚拟轻武器射击靶场部分视景截图

4）添加环境效果

完成三维场景模型的建造后，使用专业的实时场景驱动工具——Vega 对三维场景进行了实时驱动，并添加场景内大气层和气候条件，环境数据由属性和添加到 Vega 类事件中的参考对象组成，可实施控制雾模型、能见度范围和时辰变化。

5）目标靶状态的控制

分系统建立了不同形状的目标靶模型，如胸环靶、半身靶以及侧身跑步靶等。目标靶的状态分为静止和运动，主要通过在 VC++ 中调用 Vega API 函数，实现在虚拟靶场场景中，对目标靶模型的水平移动、竖直移动以及翻转等运动状态的控制。

8.3.3　虚拟城市街区的创建

城市街区的地形特点是市区街巷纵横，高楼林立，地幅狭窄，本书运用虚拟场景生成技术，选择南京新街口地铁站附近的各个通道进行虚拟城市街区的创建，将其主要街道及建筑物仿真成立体三维图像，为虚拟战场环境下半实物枪械系统作战效能评估提供逼真的城市巷战战场环境。

1. 三维场景库建造需求分析

新街口一带是南京重要的商业中心,商家众多,高楼林立,其地下为城市地铁中心站,该站地下通道众多,且各通道内商铺云集,地形结构复杂。在开始建模之前,需对该地区的地形、建筑物、修饰环境、模型数据等方面进行建造需求分析。

1）地形需求分析

此地带地形基本是平地,主要包括步行街、公路、人行道、广场等;而地下通道内部除了平滑的地面外,还包括电动扶梯、楼梯、小的坡面等。对于这种地形,要求尽量与实际符合,同时要做到美观、逼真。

2）建筑物需求分析

通常,按照建筑物的重要性可分为标志性建筑、重要建筑、陪衬建筑3种类型。对于标志性建筑,如南京新百大楼,要求模型精确、美观,细节丰富,同时周围环境要布置合理、衬托得当。对于重要建筑,要求模型准确、细致、逼真,细节较为丰富。对于陪衬建筑,如地下通道内的各种商铺等,要求模型逼真、合理。

3）修饰环境需求分析

建筑物周围有天空、白云、绿化、路灯、各种广告牌等,这些环境建立时,要与实际符合,主要要求形状逼真,种类繁多。

4）场景建造的数据需求

在数据收集过程中,应根据建造过程中对于建筑、环境等场景要求不同,选择不同分辨率和精确度数据和图片。内容包括:一是原始资料,各建筑物外观基本几何数据(如规划图,效果图等)、主要建筑和管理实体模型描述属性数据、各个通道的长度和楼梯的高度等;二是纹理贴图资料,包括不透明纹理和透明纹理。不透明贴图可通过近景摄影得到照片(数字化相片),用 Photoshop 软件进行纠正处理后,以 Rgb 格式存储,作为模型纹理库。透明贴图用图像处理软件处理透明贴图后得到。

2. 基础模型场景库建造流程

建造基础模型场景库的一般过程是:①首先是获取基础数据,根据已获取的数据可以同时进行区域地形、区域建筑物的建造;②对区域建筑物与区域地形进行匹配并集成;③对区域环境进行修饰。刚集成完的场景往往存在着各种各样的问题,例如场景模型存在着严重的走样现象,场景存在较大的漏洞,建筑物比例失调,模型存在重复面等,这就要求对模型进行反复修改,并在仿真驱动系统中进行验证,从而形成最终的场景库。图 8-16 所示为基础模型场景库的建造过程。

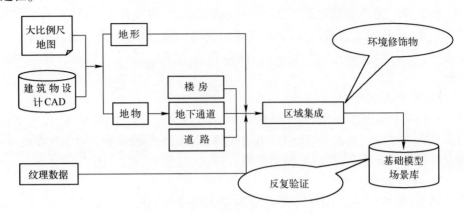

图 8-16　基础模型场景库的建造过程

3. 重要建筑物的建造

建模过程中,要对不同类型的建筑物给予区别对待。对复杂的标志性建筑物建模是虚拟城市场景中仿真建模的重点,通常步骤如下:

(1) 查看效果图,包括建筑物不同角度的照片等,从整体布局上把握其轮廓。将建筑物适当地划分成几个部分,实行"化整为零"。

(2) 查看建筑物设计的 CAD 图,获取建筑物各个部分主要构造的尺寸,并将各种数据分类整理。

(3) 建造模型,对复杂建筑物分成几个部分进行建造,合理组织模型数据库中的节点。先建概略模型,再慢慢细化。

(4) 纹理映射,经过在仿真系统中反复验证,选择分辨率适当的纹理图像。

图 8-17 所示为复杂建筑物的建造过程。

新百大楼是南京市新街口地区的一个标志性建筑,是实时漫游分系统关注的焦点,对它的建模要求也最严格。图 8-18 所示为新百大楼的西侧建筑的结构图。本书主要依靠到现场去拍摄建筑物的照片,来获取所需数据。建模时建筑物各部分的尺寸,是通过到现地勘察、实地测量得来。建筑物纹理的采集是,选择晴朗、光照充足的天气,使用数码相机到实地去提取,再运用 Photoshop 软件对照片进行相应的处理(如扭曲、旋转、提取细节信息等操作)而得。

开始建造模型时,首先为新百大楼建好地基,这样整个大楼在空间轨迹面上就被限定在一定的范围内。然后按照西侧、南侧、东侧到北侧逆时针的顺序展开建模。在对每一侧的建筑结构建模时,先建造主要结构,形成轮廓,再慢慢细化。

130

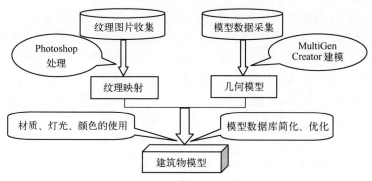

图 8-17 复杂建筑物的建造过程

图 8-18 新百大楼建筑结构图

以新百大楼西侧建筑结构为例,其结构主要包括两根大柱子、入口上方的墙体以及与南侧相接的较宽墙体 4 个部分。而这四部分中又包含了许多子结构,模型数据库层次视图清晰地显示了这种结构组织情况,各部分结构在层次视图中是以树状节点形式进行组织的。图 8-19 是层次数据库视图中西侧建筑结构的节点组织情况。

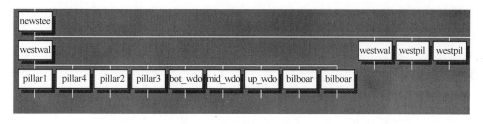

图 8-19 新百大楼西侧建筑模型层次数据库视图

将西侧结构的 4 个主要部分放置在 4 个 group 节点中,分别命名为 westwall1、westwall2、westpil1、westpil2。图中将 group 节点 westwall1 展开,显示了该组节点下的 object 节点:pillar1、pillar2、pillar3、pillar4、bot_wdoor、mid_wdoor、up_wdoor 等,分别代表 westwall1 中入口处 4 根较小的门柱以及上、中、下 3 个墙

131

面。每个 object 节点中又包含了许多 face 节点。

经过建造和反复修改,综合使用多种模型数据库优化技术,对不同的多边形面选择不同分辨率的纹理图像进行纹理映射,最后西侧建筑最终形成了包含 4 个 group 节点,18 个 object 节点共 175 个多边形数的模型。按照相同的方法对新百大楼的南侧、东侧、北侧建筑结构分别进行建模,最终建成了包含 11 个 group 节点,42 个 object 节点共 549 个多边形数的新百大楼模型。当然最初建成的模型多边形数目远不止 549 个,经过不断简化和优化,在不影响模型视觉效果的前提下使用尽可能少的多边形,降低场景的复杂性,实现模型逼真度和实时仿真系统运行速度之间的平衡。图 8-20 是经纹理映射后的新百大楼主体模型。

图 8-20　新百大楼主体建筑模型图

4. 地下通道模型的建造

新街口地铁站附近的地下通道众多,各通道内部除了众多柱子、小型商铺外,各种结构的拐角、楼梯等也十分繁多,地形比较复杂。

根据地下通道相对于圆形大厅的位置,可以将地下通道模型的建造分成圆形大厅(Hall),东侧通道(Chan_E),北侧通道(Chan_N),西侧通道(Chan_W),南侧通道(Chan_S),东南侧通道(Chan_SE)6 个部分分别建模。图 8-21 是层次数据库视图中地下通道模型节点的组织情况。将这 6 个主要部分分别放置在 6 个 group 节点中,图中将 group 节点 Chan_E 展开,显示了 6 个 object 节点:Wall_faces、Stairs_E、Lift_E、Litbilboard、Bigbilboard、Chan_up,分别代表东侧通道的围墙部分、楼体、电梯、与出口相接的上方通道、大广告牌、小广告牌等。每个 object 节点中又包含了许多 face 节点,由于空间所限,图中并未展开。

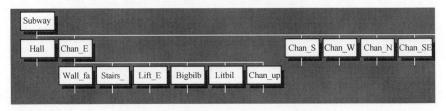

图 8-21　地下通道模型层次数据库视图

经过对模型的建造并进行优化,东侧通道最终形成了包含 7 个 object 节点共 217 个多边形数的模型。图 8-22 为带掩体的东侧地下通道模型。

图 8-22 地下通道模型图

按照类似的步骤和方法分别对向其他几个方位延伸的通道和圆形大厅进行建造。建模过程中注意各个通道之间的区别,做到尽量详细、增强三维立体感,体现丰富的细节,以逼真再现真实场景。最终建成的地下通道模型包含 8 个 group 节点,53 个 object 节点共 1920 个多边形数。

5. 道路的建造

道路的建造是地形建造的延续,由于道路很长,所以建造道路时,一般是先建出一段具有代表性的道路,然后通过复制的方法对新街口中山东路的其余路段进行建造。

中山东路是南京市区一条重要的干道,路面上有树木、植被、路灯、铁栏杆、广告牌、交通标志等各种物体。建模时,可将其分为 3 个部分,分别是:路面(包括人行道、斑马线、车道线),道路修饰物(包括树木、路灯、铁栏杆等),其他(包括交通标志、红绿灯、宣传广告牌等)。具体建造步骤如下:

(1)建造路面。路面部分按照实际数据进行建造,其中对马路车道线和斑马线的建模有两种方法:第一种方法是做纹理,即在对马路路面纹理处理时加入马路的车道线和斑马线;第二种方法是做子面,即把斑马线和车道线做成一个个的小面,然后把这些小面做成马路路面的子面。

(2)建造植被、树木、路灯等。该处道路两侧的树木都是高大的法国梧桐,沿道路两侧呈直线排列,树木的制作方法是采用透明纹理映射技术。对路灯的建模有两种方法:一种是实际做出路灯模型;另一种方法是用公告牌技术。

(3)对马路进行修饰。这一步的工作是向马路添加进广告牌、宣传标语、交通标志牌、红绿灯等物体。对于这些物体,先做一些小模型,然后将其复制到马路模型中。

6. 走样问题及解决办法

"走样现象"是指在计算机实时绘制图像时,计算机屏幕某些区域出现的不断"闪烁"现象。走样问题不仅与几何模型及其纹理图像质量有关,还与图形加速卡等硬件质量有关。一般情况下,模型的纹理图像分辨率越低,计算机图形加速卡质量越好,越不会发生走样。图形走样一般分为两种情况,即纹理走样和几何模型走样。

1)纹理走样

纹理映射通常涉及将一幅纹理的像素映射到不同大小的景物表面上。当屏幕像素中的可见曲面区域与纹理像素大小相匹配时,它们之间形成一对一的映射,然而当景物表面在屏幕上的投影区域较小时,就可能有多个纹理像素被映射到同一很小的投影区域内。当绘制的图像处于"运动"状态时,计算机就会在这个像素点内不断更替多个纹理像素,此时就发生了走样现象。

通过对纹理图像做灵活的处理达到抑制走样的目的,主要使用两种处理纹理图像的方法:一是模糊化、降低纹理分辨率;二是减少纹理拼接次数。

2)几何模型走样

模型走样是指因模型的多边形存在问题而引起的走样。模型的多边形引起的走样主要有两种情况:第一种是模型中存在凹多边形;第二种是模型中的多边形存在着面与面相交重叠的问题。

解决办法:一是对凹多边形进行"三角化"处理;二是采用做子面的方法;三是设置面的高度。

8.3.4　虚拟战场环境的实时显示与驱动技术

1. 虚拟现实软件平台的选择

目前虚拟现实软件平台有很多,选择一个功能强大的开发平台很重要,可以提高开发效率。用于开发虚拟战场环境的软件平台一般需要达到以下要求:

（1）具有可以扩充的面向对象数据库。

（2）已经封装了硬件设备驱动程序,二次开发人员不必关心底层的硬件设备,甚至允许跨平台移植。

（3）支持多种建模软件提供的三维对象模型,提高开发效率和较好的兼容性。

（4）具有较好的高级开发模块可供使用,如虚拟现实中常见的风雨雷电,白天黑夜模块,让程序员能更集中精力在系统的核心功能上。

（5）开发平台具有较好的底层驱动能力,可以与多种输入输出设备进行数据通信,并具有良好的程序设计接口,允许程序员方便地通过编程来接收和处理输入输出数据。

2. Vega 平台简介

MultiGen-Paradigm 公司出品的 Vega 虚拟现实开发平台是在 SGI Performer 基础上发展起来的软件环境,它把常用的软件工具和高级仿真功能结合起来。Vega 包括友好的图形环境界面、完整的 C 语言应用程序接口 API、丰富的相关实用函数和一批可选的功能模块(如虚拟人、声音、特效等模块),能够满足多种特殊的开发需要。它是一个类库,它的每一个类是一个完整的控制结构,该控制结构包含用于处理和执行特征的各项内容。表 8-2 所列为关于 Vega 的基本类。

表 8-2 Vega 基本类名称表

类	功 能	类	功 能
vgChannel	窗口中的视点	vgObject	可见几何体
vgClassDef	用户类定义	vgObserver	模拟中的视点
vgColorTable	颜色表	vgPart	对象物部件
vgDataSet	装入对象物的方法	vgpath	路径参数
vgdbm	数据库管理器	vgPlayer	场景运动体
vgDispList	显示列表	vgScene	对象物的集合
vgenv	自然现象控制	vgSplineNavigation	样条导航器
vgEnvfx	自然现象	vgstat	定制统计表
vgfog	雾控制	vgSystem	Vega 系统
vgGfx	通道的图形控制	vgTexture	纹理
vgIDev	输入设备	vgVolume	体
vgIsector	交叉方法	vgTFLOD	地形细节等级
vgLight	光源	vgWindow	图形处理过程
vgMotion	动态运动	—	—

3. Vega 应用程序主框架

Vega 应用主要有 3 种类型,即控制台程序、基于 API 的 Windows 应用程序和基于微软基本类。建立 Vega 应用程序的步骤如下:

(1)初始化:初始化 Vega 系统并创建共享内存以及信号量等。

(2)定义模型:通过 ADF 应用定义文件、创建三维模型,或是通过显式的函数调用来创建三维模型。

（3）配置：通过调用配置函数完成 Vega 系统配置。

当第三步完成，进入 Vega 应用的主循环过程，主循环过程的作用是对三维视景进行渲染驱动，期间允许对场景、模型进行控制。它主要包含两步：

（1）对于给定的帧速进行帧同步。

（2）对当前的显示帧进行必要的处理。

下面是一个最小的控制台 Vega 应用程序：

```
main( )
{
    vgInitSys( );                          //初始化
    vgDefineSys("myapp. adf");             //定义
    vgConfigSys( );                        //配置
    while(bContinuing)
    {
        vgSyncFrame( );                    //同步帧
        vgFrame( );                        //帧内处理
        //这里添加处理代码
    }
}
```

4. 场景驱动主框架

Vega 主线程是场景驱动的核心，本书在 MFC 框架下构建 Vega 程序。

为了便于开发者能较容易地开发出基于 MFC 的 Vega 应用程序，Vega 通过继承 MFC 中的 CView 类而派生出一个子类 zsVegaView。该子类提供了启动一个 Vega 线程最基本的功能，还以虚函数的形式定义了特定操作应用通用接口，因此用户的应用程序只需从 zsVegaView 派生出新类并根据需要重载必要的虚函数即可。

开发人员也只需对 zsVegaView 的父类 CMFCVegaView 进行场景处理即可，这是沟通 Vega 线程与 MFC 主线程的一座桥梁，极大方便了开发人员使用 MFC 框架中的资源和 Vega 线程中的资源。

Vega 线程启动并经过一系列的初始化之后，将进入主循环。场景的驱动主要在该循环中完成。

5. 虚拟场景实时显示技术

1）视点控制

视点的作用类似摄像机的镜头，其位置、方位和角度以及变焦镜头的选择，都将影响场景的观察。常用的视点变换主要有以下几种模式：

（1）绝对模式。在绝对模式或自由模式下，视点不附着于任何实体，视点的位置和旋转均由手工操作改变或由程序预先设定。这种模式适合于仔细观察比较小的战场。

（2）跟踪模式。视点的旋转角度由被附着的实体决定，而视点的位置可以进行人为调整。视点自动跟踪被附着的实体运动，并自动将实体保持位于视场中央。

（3）级联模式。视点的位置由被附着的实体决定。当确定了视点相对于实体的位置后，视点就随着实体运动。二者的关系相当于在世界坐标系下的相对位置不发生变化。

（4）罗盘模式。视点的位置和指向由被附着的实体决定，视点随着实体的运动而运动，二者的相对距离可以事先确定。二者的关系相当于在实体的物体坐标系下的相对位置不发生变化。

（5）模拟模式。视点的位置和 3 个姿态角均由被附着的实体决定，可以创造出一种在驾驶舱内观察外部景象的效果，或在被附着实体的后部附加一个摄像机的效果。

（6）级联跟踪模式：可以使观察者同时观察两个实体的运动，视点的位置和转动由两个实体的位置决定。

2）场景运动体

Vega 中的场景运动体提供了一种在场景中放置和控制动态实体的方法，其数据由所描述的特性、位置以及附加的 Vega 类事件组成。场景运动体参考 Vega 类的类型包括对象物、运动模型、体和相交矢量，图 8-23 所示为场景运动体与这些 Vega 类的连通性。场景运动体可同时包含多个对象物和相交矢量，但一个场景运动体只能选择某个单独的运动模型或体事件。

Vega 利用右手坐标系确定位置和方向，又经常被称作世界坐标系（World Coordinate System），如图 8-24 所示。场景运动体的位置和方向按指定坐标系的原点进行定义，以 X、Y、Z 为偏移量确定场景运动体的位置，以 H、P、R 为角度指定场景运动体的偏航、俯仰和侧滚的方向角。

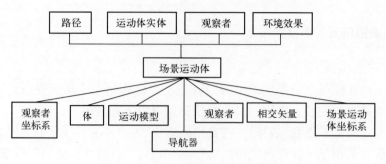

图 8-23　Vega 场景运动体的连通性

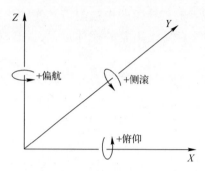

图 8-24　右手坐标系图

　　场景运动体的参考坐标系一般情况下是把场景运动体放置在以数据库原点为中心的绝对坐标系中。Vega 中,定义的原点是由一个参考坐标系指定场景运动体的位置,把场景运动体当前的参考坐标系指定为一个场景运动体的属性。默认状态下,场景运动体被放置在绝对坐标系中。表 8-3 所列为场景运动体的参考坐标系类型。

表 8-3　有效的参考坐标系表

CS 参考选择	描　　述
绝对	场景运动体相对于指定数据库原点的位置
观察者	场景运动体相对于指定观察者的位置
场景运动体	场景运动体相对于指定场景运动体的位置
指定	场景运动体相对于用户定义的 CS 位置

3) 运动模型、路径和导航器

　　Vega 提供的运动模型有 4 种形式,即简单型、复杂型、直接型和用户定义型。简单型的运动模型可以快速预览数据库,包括旋转、驾驶、UFO、弯曲、跟踪球、飞行以及步行。因为观察者、对象物、场景运动体、特殊效果都可以用 vgPos( )

138

函数来定位。

Vega 通过场景运动体、观察者或者对象物（经由一个场景运动体）用一个导航器穿行路径来对运动进行控制。有两种方法指定路径控制点：一种方法是通过 vgPosition 函数指定；另一种方法是使用 vgQuatPoint 函数的结构指定，此方法需要建立来自指定方向的一个四元素数组。

Vega 有线性和样条两种导航器。在导航器中有一个标记表，"标记"是路径文件中与某一控制点有关联的数据结构，由导航器处理这个数据结构并执行按照运动路径指定的动作。

4）碰撞检测与碰撞响应技术

（1）碰撞的相关含义。碰撞（Collision）是虚拟环境中经常发生的一类重要事件，如果一个虚拟物体在运动过程中与其他物体发生了碰撞，就必须修改碰撞物体的运动方程，否则虚拟环境中就会出现虚拟物体之间相互穿透、彼此重叠等不真实的现象。为了及时、正确地获得物体运动的数学表示，首先需要将碰撞检测出来。这种检测虚拟环境中虚拟物体是否发生相互碰撞的过程称为碰撞检测。检测到碰撞后，要对它们做出正确的响应，如修改虚拟物体的运动方程、确定物体的变形和损坏等，这个过程称为碰撞响应。

（2）Vega 实现碰撞检测的方法。在 Vega 系统中，系统将场景中的物体间的碰撞检测封装于 vgVolume 和 vgIsector 两个类中，vgVolume 用于定义碰撞检测体的原始状态，vgIsector 用于定义执行体与指定的目标间的碰撞检测的机制。Vega 实现碰撞检测的总体思路是用相交矢量（Isector）来定义碰撞检测并进行测试。

当相交矢量的目标是场景或者是对象物时，为相交矢量定义体调用一个 pfSegSet 使其成为一个线框模式，用于产生交叉的结果。交叉类决定场景中相交两物体之间是否发生碰撞检测，它是一个 32 位的掩码，用来设定所有场景中的物体和相交矢量。当相交的两物体之间的掩码相同时，认为两物体发生碰撞。vgObjClass 函数用于设定 vgObject 的交叉类。而 vgIsectClass 函数用于设定 vgIsector 的相交矢量类。

5）特殊效果构建

在虚拟环境中，除了实体的视觉效果外，还有大量的特殊效果，如声音效果、光照效果、烟尘效果等，用于增强虚拟场景的真实感。

（1）粒子系统：利用粒子系统的动力学特性及模型的构造和纹理的变换，可以表达诸如弹丸爆炸的碎片、烟雾和火光等效果，具有很强的连续性和真实感。

（2）声音效果：给 VR 系统中加入虚拟听觉，既可以增强使用者在虚拟环境中的沉浸感和交互性，又可以减弱大脑对于视觉的依赖性，降低沉浸感对视觉信息的要求,使用户能从既有视觉感受,又有听觉感受的环境中获得更多的信息,使人们对虚拟体验的真实感更强。

(3)光照技术:由于图形系统常用明暗和阴影来刻画曲面的光滑度、物体的凹凸和立体感,所以光照技术的应用会直接影响到虚拟视景的逼真程度。三维虚拟场景中常常有点光源、局部光源和太阳光照3种形式。

(4)环境效果:环境效果可以模拟通常观察到的大气层和自然现象,可支持的环境效果包含地表雾、云层、风暴以及星际等。

8.4 想定生成子系统

作战想定是作战指挥员(机关)或军事研究人员按照一定的军事目的编制出来的对作战区域和环境、作战双方兵力编成和部署以及作战任务规划的一个设想和假设。作战想定生成子系统采用先进的虚拟现实技术与数字仿真模拟技术,根据训练任务、兵力配置和战场环境生成符合作战任务需求的逼真训练环境,帮助指挥员或参训人员从逼真的训练环境中快速获得知识与技能。该子系统以任务设置和兵力配置为核心任务来实现想定生成,为想定的编辑、修改及生成提供了可视化工具。

8.4.1 子系统需求分析

本软件子系统根据城市巷战所面临的战场环境,为分系统提供战前想定,服务于作战训练。作战想定生成子系统是参训者与模拟系统之间的钮带,主要提供以下功能:

1. 任务配置

作战任务是作战训练的基础和依据,通过设置作战任务来编辑相对应的想定,启动作战模拟训练。任务设置功能需要完成两项工作,一是下达作战任务,为模拟训练系统的启动提供引擎;二是根据作战任务选择合适的战场模型和环境。在战场选择过程中,能够漫游战场,判断是否满足下达的作战任务需要,同时,战场的自然环境(如雾、雪、时辰)能够根据作战任务的需要而改变。

2. 兵力配置

主要用来完成红蓝双方人员的相关配置。由于红方是单兵,所以主要配置单兵携带的弹药量、生命值和作战路线。弹药量随着参训人员射击次数的增多而减少,生命值随着被击中次数和部位的增多而有不同程度的下降,当蓝军未消灭完,而弹药量或生命值变为零时,作战任务失败。蓝方是虚拟人,则需配置其装备、路径、感知敌军行为和感知后的作战行动,其中虚拟蓝军的运动、感知、作战等行为的路径点通过获取战场模型中的三维坐标来设置。虚拟蓝军要能随红军单兵的行动而改变运动及战斗状态,达到训练红军单兵战术动作和应变能力的目的。

根据对子系统的功能分析,其功能模块层次如图 8-25 所示。

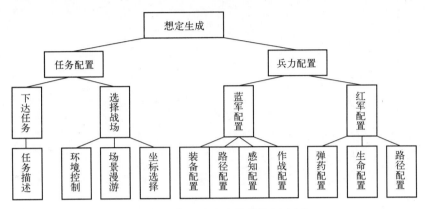

图 8-25　子系统的功能模块层次图

8.4.2　子系统总体设计

作战想定生成子系统由任务设置、兵力配置、环境控制和三维坐标实时获取四大功能模块组成,子系统以功能模块层次图为基础,采用面向对象开发技术,将战场环境和作战兵力有机结合成为一个整体,实现想定生成,从而启动作战模拟训练。根据子系统的功能模块层次图,设计了子系统的总体结构,如图 8-26 所示。

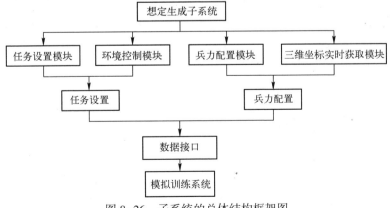

图 8-26　子系统的总体结构框架图

子系统总体结构图确立了系统各功能模块间的相互关系,根据这种关系,可确立子系统的工作流程,如图8-27所示。

(1) 启动作战想定生成子系统程序。

(2) 配置作战任务相关信息:下达作战任务;选择战场模型,可以通过漫游方式预览战场;根据作战任务,设置战场环境;确定战场模型文件。

(3) 配置兵力:设置蓝军数量;根据场景三维坐标,设置虚拟人初始位置;配置虚拟人装备、路径点、运动方式等信息;配置虚拟人感知距离、感知后的响应行为等信息;配置红军单兵弹药、生命值、作战路径等信息。

(4) 加载虚拟蓝军配置信息和红军单兵作战路径。

(5) 生成想定。

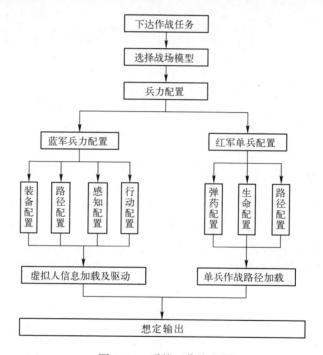

图 8-27　系统工作流程图

8.4.3　作战想定生成的关键技术

1. 基于 MFC 的 Vega 程序二次开发技术

在虚拟现实程序设计开始时,Vega 常常使用标准的 Win32 Console

Application 来调用 Vega 函数实现。但 Vega 没有提供足够的窗口函数,它缺乏面向对象能力,因此借助一个"窗口"环境来完成 Vega 程序设计。

MFC 即微软基础类库(Microsoft Foundation Class Library),是用来编写 Windows 应用程序的 C++类库,类库按照层次结构的组织方式封装了大部分 Windows 底层函数,并提供了丰富的窗口和事件管理函数。因此,借助 MFC 来开发 Vega 应用程序不仅可以使结构合理紧凑,而且可以大大缩短开发周期。

在 MFC 下使用 Vega,必须在程序中开启一个线程,即

(1) 在应用程序向导产生的 MFC 程序主视图类中,加入一个 Vega 启动函数,其中以当前视口句柄为参数调用 AfxBeginThread( )启动 Vega 绘制线程。

(2) 线程函数中完成系统初始化、资源初始化、配置和帧循环。其中将初始化函数 vglnitSys( )替换成以当前视口的句柄,为参数调用的 vgInitWinSys( ),该函数的作用主要是初始化 Vega 系统并创建共享内存以及信号量等,除此之外它还在后台又开启了一个 Vega 窗口子线程,该子线程根据传送的窗口句柄创建一个与该句柄对应窗口 1 相同大小的窗口 2,并将它覆盖在窗口 1 上,这样 Vega 系统的渲染窗口就可以嵌入到基于 MFC 的视图窗口上了。最终实现基于 MFC 的 Vega 程序开发。

2. 场景三维坐标的实时获取技术

1) 屏幕坐标系到世界坐标系的转换

为将屏幕中的虚拟对象放置到三维场景模型中的指定位置上,需要将窗口内场景的二维像素坐标转换为与其对应的场景三维坐标。转换过程如图 8-28 所示(由点 P 在窗口中的像素得到其在三维空间中的世界坐标)。

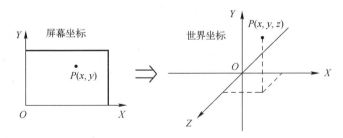

图 8-28　坐标转换过程图

Vega 通过使用如图 8-29 所示的四棱锥形状的观测体来观察通道内的场景对象。两个与底面平行的平台将观测体截断就得到了一个称为截锥体的四棱台,构成四棱台的 6 个面称为裁剪面,离视点最近的裁剪面是近裁剪面($A'B'C'$

143

D'),离视点最远的裁剪面是远裁剪面($ABCD$)。在 Vega 程序实时渲染的过程中,只有落在截锥体内部的场景元素才会被绘制出来。

当观察通道内场景对象时,看到是离观察者最近的物体,离观察者远的物体被遮住而看不到,但是它仍然被 Vega 程序渲染并存在。当用鼠标移动到屏幕上的一点,设为 P,反映到视锥中,就是选中了所有的从点 P 到点 P' 的点,即是指定了从视点指向屏幕深处的某一方向,也就确定了屏幕上某条从 O 点出发的射线 OP(图 8-30),将称其为拣选射线。因此,从窗口的 X、Y 坐标,仅仅只能获得一条出发自 O 点的拣选射线,并不能得到用户想要的点在这条射线上的确切位置。

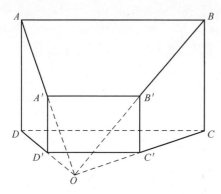 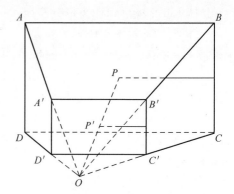

图 8-29　四棱锥形状的观测体图　　　图 8-30　拣选射线图

解决确定射线上点的确切位置问题,就需要有窗口的"Z"坐标,即需要得到当前位置的深度信息。通过激活深度缓存可获得当前点的深度信息,利用 glReadPixels 函数来获得深度信息。其原型为

void glReadPixels(GLint x, GLint y, GLsizei width, GLsizei height, GLenum format, GLenum type, GLvoid ＊ pixels)

有了屏幕上任一位置的深度信息,即窗口的"Z"坐标,再利用 vgGetChanScreenToWorld 函数将屏幕坐标系坐标转换成世界坐标系坐标,实现通过鼠标获取场景世界坐标。其原型为

void vgGetChanScreenToWorld (vgChannel ＊ chan, float sx, float sy, float sz, float ＊ x, float ＊ y, float ＊ z)

2) 回调函数实现

Vega 中的 CALLBACK 回调函数借鉴了面向对象程序设计的事件触发思想,有效解决了异步事件的处理问题,是实现在实时视景仿真过程中交互控制的

144

一种重要机制。

Vega 在操作函数 postDefine( )中添加通道回调函数(DrawStateOverlay) ,实现了三维坐标的实时转换与显示。

操作函数 postDefine 部分代码如下所示:

```
void CFormViewView∷postDefine( void)
{
……
      vgAddFunc( vgGetChan( 0) , VGCHAN_POSTDRAW, DrawStateOverlay,
vgGetScene( 0) ) ;
……
}
```

程序实现的效果如图 8-31 所示。

图 8-31　局部场景的坐标实时获取图

3. 虚拟人配置及信息加载技术

当虚拟人生成时通过读取配置文件中的相关信息,包括虚拟作战人员的装备、路径和战斗动作及行动等,实现虚拟人配置和信息的加载。

1) 配置文件生成

配置文件是虚拟人信息加载的基础,将虚拟人的一些初始化信息写入到配置文件中,当程序启动时,从这个配置文件中读取这些初始化信息,完成对虚拟人基本信息的加载。生成的配置文件主要使用 WritePrivateProfileString 函数,其原型为

BOOL WritePrivateProfileString(

    LPCTSTR   lpAppName,   // 段名

    LPCTSTR   lpKeyName,   //键名

    LPCTSTR   lpString,   // 数据

    LPCTSTR   lpFileName   //存放路径

);

其中 lpAppName 指向一个以 0 结尾的字符串指针,该字符串包含了将字符串复制到配置文件中指定段的段名。如果该段不存在,则创建这个段。

lpKeyName 指向一个以 0 结尾的字符串指针,该字符串包含了一个键的名字。如果这个键在指定段中还不存在,则创建这个键。如果这个参数为 NULL,则整个段,包括该段中所有的项都将被删除。

lpString 指向一个以 0 结尾的字符串指针,该字符串将做为具体数据写入配置文件中。如:要配置的具体装备等。如果此参数为 NULL,则参数 lpKeyName 所指向的键将被删除。

lpFileName 指向一个以 0 结尾的字符串指针,该字符串是配置文件的存放路径。将数据写入到指定的文件中。

在子系统中,配置信息是通过对话框的形式进行设置,所以还需用到 Get-DlgItem( )、GetWindowText( )、SetWindowText( )等函数完成对话框中配置信息的获取和设置。

2)配置信息加载

虚拟人配置信息加载是指读取配置文件中的配置信息,并将这些配置信息赋值给虚拟人的过程。该过程主要分两大步:

(1)获取配置文件中的相关信息,这一步是生成配置文件的反过程,主要使用 GetPrivateProfileString 函数,其原型为

DWORD   GetPrivateProfileString （LPCTSTR   lpAppName,   LPCTSTR lpKeyName,   LPCTSTR   lpDefault,   LPTSTR   lpReturnedString,   DWORD nSize,   LPCTSTR   lpFileName）；UINT   GetPrivateProfileInt（LPCTSTR   lpAppName,   LPCTSTR   lpKeyName,   INT   nDefault,   LPCTSTR   lpFileName）;

(2)通过 Vega 和 DI-Guy 提供的相关函数,把配置信息设置给虚拟人。主要使用的函数如表 8-4 所列。

配置信息加载程序流程图如图 8-32 所示。

表 8-4　虚拟人信息设置函数表

函　　数	功 能 描 述
vgName	设置 diguy 人物的名称
vgProp	设置 diguy 人物的属性
diguy_query_character_type_by_name	保存虚拟人的类型
vgAddDIGuyEquipment	为虚拟人设置装备信息
vgMakeDIGuy	配置虚拟人
diguy_set_lod_ranges	设置 LOD
vgGetDIGuyCharacterHandle	获取虚拟人类型句柄
diguy_query_action_token_by_name	设置虚拟人运动方式
diguy_set_path	设置虚拟人运动路径
diguy_teleport_6dof	设置虚拟人位置
vgAddSceneDIGuy	把虚拟人添加场景中

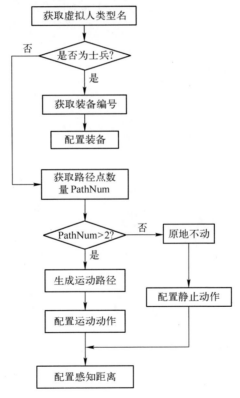

图 8-32　配置信息加载程序流程图

3）装备配置

DI-Guy 最初是为美国军方进行兵力仿真而进行设计的,具有达 7 级细节水平的全纹理模型、多种制服(战斗服、沙漠伪装、陆战服、伊拉克绿等)、武器(M16、AK47、M203)和多种附属装备(背包、刺刀、防毒面具等)。

子系统借助 DI-Guy BDI 为虚拟人选择合适的武器、服装及附属装备,并选择相应的装备进行命名,然后将名称加到配置文件编辑程序中,为用户配置时提供选择,如图 8-33 所示。

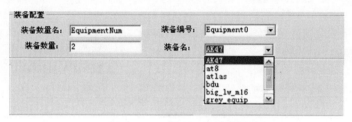

图 8-33　装备选择配置图

生成的配置信息如下:

EquipmentNum = 2

Equipment0 = AK47

……

根据生成的配置信息和对配置信息的加载,可以为虚拟人加载如图 8-34 所示的装备。

图 8-34　为虚拟人加载的装备图

4）路径配置

虚拟人的运动路径设置是通过配置运动路径点实现的。配置虚拟人运动点时采用了两种方法,一种是在 LynX 中使用 DI-Guy 模型导航器,主要用来配置

148

巡逻兵力;另一种是在配置文件生成程序中设置路径点,主要用来配置机动兵力。

(1) 使用导航器。使用导航器的一般过程:①建立一个新的 Path,假设名字为 HumanPath,文件名为 HumanPath. pth,建立一个新的 Navigator,假设名字为 HumanNav,文件名 HumanNav. nav,并关联 HumanPath。②打开 path tool 工具(path tool 工具界面见图 8-35),选中 HumanNav,类型选择 BDI Character,然后选择 DI-Guy 的人物,并添加装备。③在视图区鼠标单击添加路径点,生成一条路径,同时选择路径转弯半径。④选择人物动作。人物动作根据平均速度分为两类:基于时间的时间动作和基于运动的运动动作。速度不小于 0.1m/s 为运动动作,否则为时间动作。在每个控制点处,可以设置一些时间动作,如瞄准等。时间动作执行完毕后启动控制点的运动动作,如走、跑、匍匐等,直至到达下一控制点。⑤保存 HumanPath. pth 和 HumanNav. nav。⑥在 Isector 面板中生成一个新的 Isector,类型为 LOS,目标为场景,Isector class 为 Terrain。⑦在 Vega DI-Guy面板新建一个 DI-Guy,设定名为 Human0,关联 LOS 类型 Isector,关联 Human-Nav. nav。⑧在场景中加入 Soldier1。

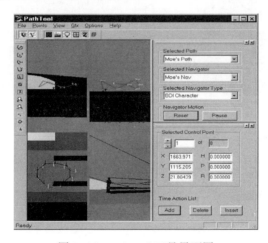

图 8-35　path tool 工具界面图

(2) 用配置文件生成程序设置路径点。书中虚拟作战人员的运动主要有两类路径:一类是虚拟人固定的运动路径(静止或运动);另一类是虚拟人"感知"到敌方人员进攻时的响应路径。本书主要结合配置文件生成程序和获取场景三维坐标程序,实现虚拟人行为路径点设置。设置路径点时,需要注意的几种因素如表 8-5 所列。

路径点配置如图 8-36 所示。

表 8-5　Vega DI-Guy 路径示例表

控　制　点	途末动作	转弯半径	说　　明
（点1→点2 路径图）	WARP	0.0	有效路径。人物在第二点消失,在第一点显现。效果失真,也视为无效
（点1→点2 路径图）	LOOP	0.0	无效路径。人物会试着返回,但180°的弯,它还转不过来
（点1、点2、点3 路径图）	LOOP	0.0	有效路径。人物不需费力即可由第三点行至第一点
（点1、点2、点3 路径图）	LOOP	5.0	无效路径。在第二点向第三点转弯时的弧半径不可能这么大

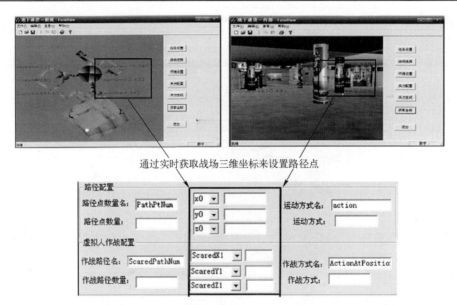

通过实时获取战场三维坐标来设置路径点

图 8-36　路径点配置图

生成的配置信息如下:

PathPtNum＝3　　　//运动路径的有效点数量,以一个为例

x0＝-15.341

y0＝-3.433

150

z0 = 4. 347

action = walk

ScaredPathNum = 1

ScaredX1 = -0. 146

ScaredY1 = 12. 522

ScaredZ1 = 4. 347

ActionAtPosition = kneel_aim

5）战斗动作配置

DI-Guy BDI 中定义的虚拟人战斗动作包括站、跪、匍匐前进、走、跳、潜行、使用武器及其他战斗动作。另外，DI-Guy 也包括一些其他种类人物及其相关动作。

子系统中设置了感知距离，为虚拟人设定了感知范围，当参训人员进入虚拟人的感知范围内时，虚拟人就会作出响应/感知动作，进入战斗状态，如跑或爬到掩体后射击、就地卧倒射击等，配置过程如图 8-37 所示。

图 8-37　虚拟人作战配置图

生成的配置信息如下：

FeelDistance = 31 　　　　　//感知距离

ScaredPathNum = 1 　　　　//战斗位置

ScaredX1 = -45. 17

ScaredY1 = -61. 95

ScaredZ1 = 0. 05

ScaredAction = jog 　　　　//感知后的动作

ActionAtPosition = kneel_aim 　//战斗动作

ShootDelay = 1000

根据生成的配置信息和对配置信息的加载，虚拟人加载如图 8-38 所示的战斗动作。

图 8-38　虚拟人的主要战斗动作示图

6）战斗行动配置

虚拟人战斗行动配置是指当参训人员进入虚拟人的感知范围之内时，虚拟人要做出相应的响应动作。若虚拟人为蓝军士兵，则需要改变原来的运动状态和动作进入战斗状态，如就地卧倒射击、跑到掩体后射击等。设计了 ChangeStateToScared 函数来改变虚拟人的运动状态和动作，设计了 Shoot 函数实现虚拟人对我参训人员的射击。

在 ChangeStateToScared 函数中主要使用的 DI-Guy 函数，如表 8-6 所列。

表 8-6　虚拟人驱动程序中主要使用的函数表

函　数	功能描述
diguy_remove_path	去掉人物路径
diguy_set_action	设置人物动作
diguy_set_path	设置虚拟人路径
diguy_teleport_6dof	设置人物的方向
diguy_get_position_6dof	获取人物 6 自由度坐标

程序流程图如图 8-39 所示：

4. 碰撞检测技术

虚拟人在场景中运动时，主要采用两个方式的碰撞检测：一种是与地形的碰撞检测，使虚拟人始终随着地形起伏改变视点高度；另一种是与场景实体的碰撞检测，碰到场景中实体模型时不能前进。首先需要对不同的 Creator 模型文件分类，可分为地形、军事地物、虚拟人物模型、武器模型等。再根据各个分类中对象的不同（如地形可以分为平坦道路、楼梯、山丘等，静态军事地物有工事、掩体、路障等，动态的武器实体模型有坦克等装甲车辆，虚拟人物模型主要是虚拟蓝军等）设置标记。利用分类标记和所建立的碰撞方式对象实现碰撞检测。

152

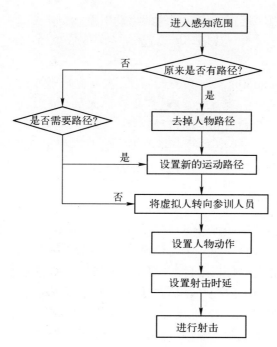

图 8-39　虚拟人驱动程序流程图

为保证虚拟人在地形上行走的真实性,即虚拟人能根据地形高低调整自身的高度,不会出现脚陷入地下的现象,选用 Z 方法来检测地形的高度。

当虚拟人运动和作战时,在其头部加上 LOS 方法的交叉矢量,用于检测与场面和工事掩体的碰撞,避免虚拟人发生穿越现象。

8.4.4　程序设计与实现

在面向对象程序设计中,所有的操作都可以归结为对类的操作。本子系统设计的功能模块类主要如下:

(1) zsVegaFormView 类。zsVegaFormView 是 Vega 程序的框架类,它的主要任务是提供启动 Vega 线程及 Vega 程序的功能,还以虚函数的形式定义了特定应用操作的通用接口,它是由 CView 类派生出来的。

(2) CFormViewView 类。CFormViewView 由 zsVegaFormView 类派生出来,可以通过在 OnOpenfile 函数中调用 CVegaFormView 类的 runVega 函数来启动 Vega 线程,并将派生类的指针作为参数传给新启动的子线程。

(3) CSetMission 类。任务设置类,主要完成作战任务设定,如作战类型等。设置作战任务主要有两个目的:一方面是战场选择和兵力配置的基础和框架,另

153

一方面为模拟训练系统提供作战训练的启动引擎。

（4）CSetEnvDlg 类。战场环境设置类，主要完成战场环境、天气情况的实时控制。

（5）CWriteIniFileDlg 类。兵力配置类，主要完成蓝军兵力配置（包括蓝军的初始位置、运动状态、装备配置、遇到我参训人员后的反应等）和我参训人员配置（包括弹药量、生命值和运动路径）。

（6）CHuman 类。虚拟人类主要用来完成对虚拟蓝军的信息加载及驱动，完成对红军单兵的基本信息和作战路径的加载。

1. 子系统主界面

子系统主界面是一个基于单文档的应用程序，对应于主界面的视图类为 CFormViewView。同时，新建一个对话框资源，将其嵌入到视图窗口中，为其他功能模块提供可视化的操作平台，方便使用者操作。主界面分为两块，左边为信息显示区域，右边为功能控制区域。在信息显示区域内可以添加作战任务，进行兵力部署，还可以通过鼠标和键盘实现战场中漫游的控制，达到熟悉战场环境的目的。而右边的功能控制区域，通过相应的功能按钮实现与程序的交互。系统程序的主界面如图 8-40 所示。

图 8-40 系统程序的主界面图

2. 任务设置

想定编辑由设定作战任务开始，作战任务是编辑想定的依据。通过下达作战任务，选择相适应的战场区域，可设置相关环境因素，并进行兵力配置，最后输出想定。任务设置的界面如图 8-41 所示。

图 8-41　任务设置界面图

3. 环境控制

在实战中，经常会碰到各种各样的天气情况。复杂的天气情况对作战人员提出了更高的要求，因此，在设计作战情况时，要充分考虑战场天气情况，使训练更贴近实战。环境控制效果如图 8-42 所示。

图 8-42　雾效果和夜效果图

4. 兵力配置

兵力配置主要完成对红蓝双方的作战信息配置：对蓝军，重点进行装备、路径、作战动作及行为配置；对红军，重点进行弹药、生命值和作战路径配置。兵力配置界面如图 8-43 所示。

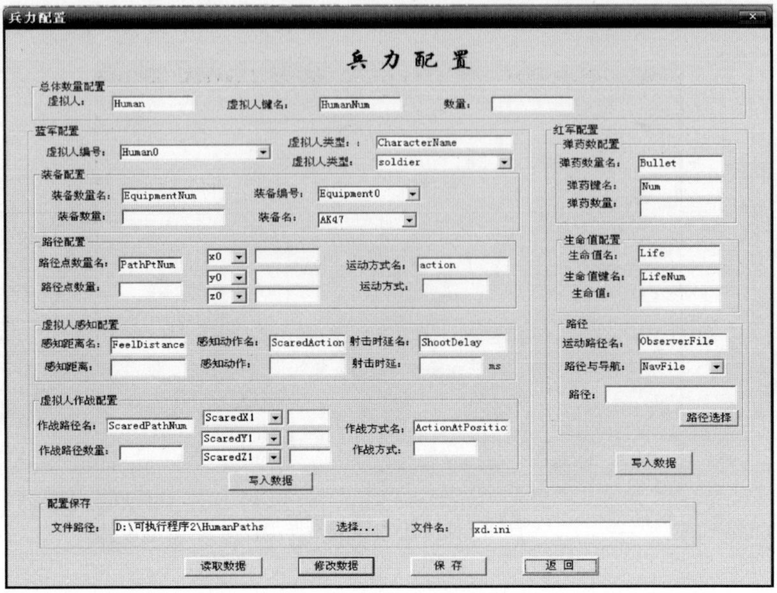

图 8-43　兵力配置界面图

8.4.5　应用实例

下面通过一个作战想定实例来详细描述想定生成子系统的工作流程,展示其运行效果。

1. 某地下通道单兵作战想定

蓝军摩托化步兵第×团约一个连的兵力,于×月×日×时×分沿中山路南犯,遭我地方武装和民兵沉重打击后,被迫在新街口及其西南地域转入防御,占领了新百大楼等重要建筑物,封锁了地下通道,并在其内部放置路障、修筑工事,企图拖延时间等待增援,继续南犯。

红军为粉碎蓝军的企图,组织兵力消灭存敌。根据上级首长意图,红军决定:派遣摩步第×团第×连在陆航的支援下,向新街口地下通道之敌发起突击,要求清剿通道内存敌,削弱蓝军防御力量,为红军在地面包围并全部消灭蓝军创造有利条件。

作战开始前,红军第×连在陆航引导下,已到达蓝军控制的地下通道警戒外围。根据作战计划要求,作战开始后,红军战斗人员进入通道内部,清剿通道内的蓝军。清剿完成后,到达新百大楼,完成作战任务。

2. 想定编辑

在想定编辑过程中,需要进行以下几个方面的工作:

1) 想定任务下达及作战区域选择

根据想定描述作战任务,根据作战任务选择合适的作战区域,待兵力配置完成后,将生成的兵力配置文件路径添加到任务设置对话框中。任务设置、战场选择及配置文件添加如图 8-44 所示。

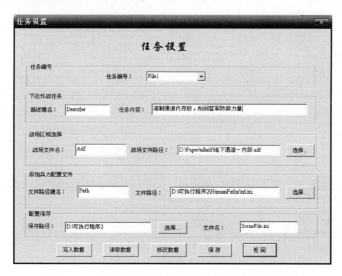

图 8-44　任务设置、战场选择及配置文件添加图

2) 想定兵力设置

通过图形化和界面化的操作,可以便捷地向三维战场场景中加入虚拟蓝军。并对虚拟蓝军进行设置,包括虚拟蓝军的初始位置、基本装备、运动路径、运动状态以及在想定中采用的各种作战规则和作战动作。根据演习训练任务的需要进行兵力配置的内容如图 8-45 所示。

经过任务设置和兵力配置后,生成的想定配置文件如图 8-46 所示。

3) 想定添加与修改

想定配置文件生成后,可根据训练需要增加新的想定任务和作战兵力。同时,还可以对生成的想定配置文件中的想定信息进行修改,修改时只需打开任务设置和兵力配置对话框,点击"读取数据"按钮,则配置文件中的信息就会被读取并显示在编辑框中,然后即可修改需要完善的想定信息,修改完成后,点击"修改数据"按钮完成数据修改,最后保存修改结果。

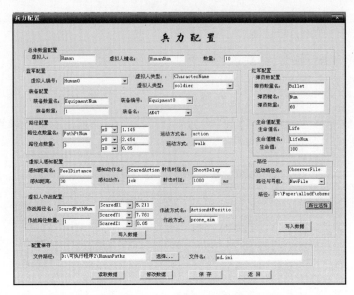

图 8-45 兵力配置的内容图

图 8-46 生成的想定配置文件图

3. 想定运行示例

（1）蓝军控制了地下通道，并修建了防御工事，加强了巡逻和防守，企图阻碍我军的进攻，如图 8-47 所示。

（2）红军单兵从地下通道的一个入口秘密潜入通道。如图 8-48 所示。

（3）进入通道后不久，两名蓝军迅速做出防守反击反应，与红军单兵展开战斗，最后被击毙。如图 8-49 所示。

图 8-47　蓝军正在通道大厅里巡逻图

图 8-48　红军单兵潜入通道图

图 8-49　两名蓝军被击毙图

（4）随着战斗的进行，周围的蓝军迅速向战斗地点集结，组织防御战斗，如图 8-50 所示。战斗结束后，红军单兵继续前进。

图 8-50　蓝军集结并组织防御图

（5）红军单兵在通道的一个拐角处，与蓝军发生激烈战斗（图8-51），而后进入大厅（图8-52）。

图8-51　与蓝军发生激烈战斗图

图8-52　进入大厅图

（6）清剿大厅中的存敌后，最后到达新百大楼正门，任务完成。如图8-53所示。

图8-53　到达新百大楼正门（任务完成）图

8.5 兵力生成子系统

虚拟战场环境下半实物仿真枪械系统需要通过虚拟人技术,更加形象地模拟参战人员的形体及其战术动作,增强作战效能评估的真实度和近似度。同时,还可以对某些不允许或难以在实践中进行的军事行动反复进行仿真推演,较好地体现交战双方的对抗性和交战活动的随机性,以考核枪械在不同作战条件下,甚至极限条件下的作战效能。

本书在深入研究虚拟士兵的几何建模、运动控制及其行为和路径规划技术的基础上,通过在 MultiGen Creator 直接建模、DI-Guy 软件二次开发修改人物模型以及将其他软件模型导入 MultiGen Creator 进行修改等方法,实现了虚拟士兵的实体建模。在深入研究虚拟士兵行为规划相关理论知识的基础上,提出了基于基本动作的虚拟士兵行为规划模型整体框架,建立了虚拟士兵基本动作数据库、行为规则库,提出了虚拟士兵行为规划专家系统构造图,并将人工智能语言 Visual Prolog 应用于虚拟士兵路径规划领域,提出了 3 种不同情况下的路径搜索方法。

8.5.1 虚拟士兵几何建模

虚拟人(Virtual Human 或 Computer Synthesized Characters)是人在计算机生成空间中几何特性与行为特性的表示。虚拟人有自身的几何模型,可以与周围的环境交互作用,感知并影响周围环境;它的行为可以由计算机程序控制,也可以由真人控制。

在子系统中,构建实体的一项重要内容就是对作为计算机生成兵力(一种自治实体)的虚拟人建模以及控制。虚拟人的生成可分为两部分:一是物理建模,为虚拟人提供逼真的外观;二是行为建模,是对虚拟人内部思维活动和外部行为运动进行建模。

虚拟人几何建模有其自身的特点,主要包括:

(1)外观要逼真。头部、躯干、四肢的几何外形和纹理粘贴要求高。

(2)建立肩、肘、髋等重要关节的几何与运动关系模型。

(3)考虑到系统的实时性,多边形个数应该有一定的限制。

以上几点中,最重要的是关节部分的表现,要在不增加系统负担的条件下达到自然形象的效果,使虚拟人关节看起来连续且光滑。

目前,常用的三维虚拟人表示方法中,最具应用广泛性的是使用表面表达人体模型,在模型的表面加上关节物体的骨骼,借助关节点的旋转带动表面的变形,比较逼真地模拟出人体的各种动作。本子系统主要基于此方法进行虚拟人的模型架构。

1. OpenFlight 数据格式

虚拟人的模型架构过程中运用了 OpenFlight 数据格式。OpenFlight 是 MultiGen Paradigm 公司开发的一种场景描述数据库规范,是逻辑化的层次视景描述数据库,其数据库的等级结构由许多节点构成,图 8-54 所示。一个顶层的唯一节点称为数据库头节点,其下的类群节点由 Group,LOD,Switch,DOF,Light Source 等构成。Group 节点由许多子群节点和对象节点构成,而对象节点又由许多面所构成,面节点则由许多点节点构成(点节点在数据库等级结构中并不反映)。Creator 中这种倒立的二维树型结构便于对三维模型进行构建修改。

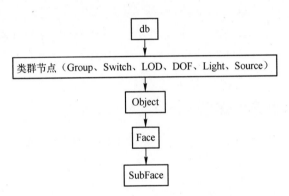

图 8-54　OpenFlight 数据节点图

2. MultiGen Creator 建立虚拟人的方法

利用 MultiGen Creator 建立人体模型,主要是按照 MultiGen Creator 的树状结构将人体各个关节分离出来。考虑到系统实时性要求,虚拟士兵的主要关节共设计为 43 个。包括脖子(1 个)、肩(2 个)、肘(2 个)、腕(2 个)、指节(14×2 共28 个,拇指只考虑了两个)、髋(2 个)、膝(2 个)、踝(2 个)、趾节(2 个,五个脚趾放在一起考虑)。自上而下完成分层结构的构造(暂不考虑腰关节与胸关节)。

8.5.2　利用 DI-Guy 建立虚拟参战人员实体模型

DI-Guy 本身提供了数十种不同纹理及不同层次细节的人物模型,但这仍不能完全满足实际需要。因此,需对 DI-Guy 所提供的模型进行二次开发,做适当修改。

具体的人物模型在 DI-Guy 中有 3 种不同类型的文件,分别是 OpenFlight 格式的 .flt 文件、WaveFront 格式的 .obj 文件和 DirectX 格式的 .x 文件。针对这 3 种类型,采用不同的方法进行修改。

以 OpenFlight 格式扩展名为 .flt 的模型为例,说明修改过程。模型修改要遵循下列原则:

(1)保持模型中各个关节的名称不变。

(2)保持各个部分的长度不变。

(3)不要改变胳膊、腿、肌肉等人体组织的周长,但可等比例整体缩放。

在此前提条件下,可以任意更改人物的外观、面部特征、表情、性别;可以改变发型、发色、头发的纹理;同样也可以给人物增加饰品,如勋章、珠宝、肩章、腰带等。

同时,还可创建新的人物模型,并为该模型添加装备,方法分别如下:

1)为已有模型添加新装备

找到想要修改的模型,将其打开,将以下一段代码加入到文档中:

```
shape_set <new_shapeset_name >
actor = <actor_name>
is_base_shape = 1
filename = <LOD1_file>
filename = <LOD2_file>
filename = <LOD3_file>
filename = <LOD4_file>
filename = <LOD5_file>
filename = <LOD6_file>
filename = <LOD7_file>
include common/shapes_and_joints_human. cfg
```

2)在人物列表中添加新的人物形象

通常情况下,BDI 所提供的人物可以基本满足要求,但也可根据需要要添加新的人物形象。方法如下:

(1)找到与最终效果最相似的模型文件,将其打开后改名另存为一新文件;在新文件中修改对应的 actor_<actor-name>_arcs. cfg 文件名称。

(2)打开 actor_<actor-name> _arcs. cfg,将其中对应的位置以新的名字

163

替换。

（3）打开 diguy_characters. cfg，在文档最后添加以下代码"include_optional diguy/char_ newname_qk. cfg"。

图 8-55 所示为修改前后的人物模型对比图。

图 8-55　修改前后的人物模型对比图

8.5.3　对已有实体模型改造

MultiGen Creator 文件产生的方法共有 3 种，即模型文件的转化、地形文件的转化和其他文件格式的转化。

虚拟人实体模型的建立是一个相当复杂的过程，本子系统利用 MultiGen Creator 自带的工具将 3DS 建立的人物模型转化成为 MultiGen Creator 所需的 OpenFlight 格式，再对其外观和关节部分进行改造。

表现关节的方法有两种：一是以关节活动的最外侧边线为轴，使关节绕轴转动，此种方法模型简单，但关节内侧会产生交叉；另一个是在关节处放置球或球面弧，使关节绕球心旋转，此种方法模型的点、面数量增多，但表现自然。通常将两种方法配合使用，对于一些较大的关节，如头部、大腿等部位，动作明显且频繁，采用第二种方法；对于一些较小的诸如指关节等部位，动作少幅度小并不明显，采用第一种方法。另外，在不同的层次细节（LOD）模型中也需要采用不同的关节表现方法。层次细节比较高也就是虚拟人员距离比较近时采用第二种方法，比较美观；反之采用第一种方法。经过以上改造，可提高系统的实时性。

图 8-56 所示为经过改进之后的虚拟士兵几何模型，由图可以看出已在各个主要关节处加上了球体。

图 8-56　改进后的虚拟参战人员几何模型图

8.5.4　建模时的关键技术

1. LOD 技术

层次细节模型技术(Level Of Detail,LOD)的主要思想是:根据视点和物体的不同距离,用一组复杂程度(一般以多边形数来衡量)各不相同的实体层次细节模型描述同一个对象。实时显示时,用细节较简单的模型适时地替代细节较复杂的模型,在基本不降低图像质量的前提下,大幅提高绘制速度,满足系统对实时性的要求。

2. DOF 技术

DOF 可以设置在模型中任何可以移动的物体和部件上,它包含了与旋转、伸缩和位移相关联的 6 个自由度参数变量。DOF 节点可以控制它的所有子节点按照设置的自由度范围进行移动或者旋转运动,即实现虚拟参战人员的运动,必须在相对运动的部件处建立一个局部坐标系,加上 DOF 节点。装载时,为DOF 节点创建一个动态坐标系(Dynamic Coordinate System,DCS),便于在仿真程序中控制虚拟参战人员的位置和姿态。

3. 纹理贴图技术

纹理是使模型更加具有真实感的重要的方法之一,不但可以增加表面细节,还可以模拟材质、代替低层次的 LOD 模型以及实现动态效果。

纹理贴图技术的注意事项如下:

(1)纹理格式为 RGB,其长宽尺寸均要满足 2^n,一般在 1024 像素内。

(2)透明和半透明纹理的制作方法。透明和半透明纹理的格式是 RGBA,

165

与常用的 RGB 格式纹理区别在于多了一个 Alpha 通道。该格式的纹理通常用于二维树木、粒子特效、镂空纹理等。

（3）多层纹理混合。MultiGen Creator 提供了多达 10 层的纹理混合功能，但 Vega 对多层纹理的支持性并不好，因此一般采用 2~3 层纹理混合。此方法一般应用于静物阴影、地形反规则化等。

8.5.5 虚拟士兵运动控制

1. 虚拟士兵运动模型的建立

子系统主要采用运动学方法，结合 Vega 和 DI-Guy 软件控制虚拟参战人员运动。

利用 Vega 对虚拟士兵进行控制，首先要在 MultiGen Creator 中正确设置 DOF 节点。图 8-57 中灰色框显示的就是虚拟士兵模型中 DOF 节点的一部分。

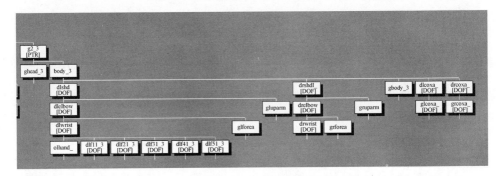

图 8-57　MultiGen Creator 中的 DOF 节点图

其次，设置断点或控制一个对象物，使用 vgObject 函数找到运动物体，进而由 vgPart 函数寻找 DOF 节点。通过 vgPart 函数，再根据运行初始化期间的名称寻找到 DOF 节点。在运行初始化期间查询运动物体并关联上，这样就能用 Vega 函数编程驱动实现物体的运动。

2. 虚拟士兵运动控制方法

子系统中虚拟士兵运动控制是在 Boston Dynamic 公司的 DI-Guy 软件基础上修改完善而成的。

单兵的物理模型生成是基本行为建模中的一个基础，系统使用 MultiGen Creator 修改士兵模型，该单兵模型如图 8-58，与真人比例为 1:1，高 1.83m。单兵中各个关节点均设有控制点，可以仿真出人的基本行为。Vega 中可通过多种方式调用 DI-Guy 的行为函数库模拟单兵通常的军事行为。

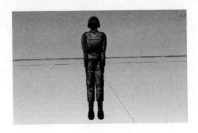

图 8-58　系统单兵模型图

DI-Guy 中,包括各种单兵战术动作定义的头文件如下:

enum{
SOLDIER_STAND_READY=0,
SOLDIER_KNELL_READY,
SOLDIER_PRONE_READY,
SOLDIER_STAND_AIM,
SOLDIER_KNELL_AIM,
SOLDIER_PRONE_AIM,
SOLDIER_WALK,
SOLDIER_WALK_LO,
SOLDIER_NL_WALK_BACK,
SOLDIER_CRAWL,
SOLDIER_NL_WALK_LO_BACK,
SOLDIER_JOG,
SOLDIER_DEAD,
SOLDIER_NUM_STATES
};

子系统通过 MultiGen Creator 支持的开发工具 OpenFlight API 读写 MultiGen Creator 软件构建的模型信息,获取模型数据,利用 Vega 编程控制虚拟士兵的动作。

3. 基于 Vega 视景的实现

视景仿真是实现真实系统的运动状态到计算机三维动画的映像过程。本子系统采用基于 MFC(Mcrosoft Foundation Classes)的应用方法把 Windows 的图形用户界面嵌入到 Vega 应用系统中,实现 Vega 的模型驱动及实时场景的渲染。

167

建立一个 Vega 应用程序通常有以下几步,如图 8-59 所示。

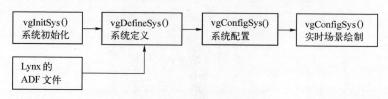

图 8-59　系统流程图

（1）初始化 Vega 系统。启动 Vega 系统并完成创建共享内存和信号量等初始化工作。对于控制台应用程序,调用 Vega 函数 vgInitSys()；对于 Windows 应用程序,调用 vgInitWinSys() 函数。

（2）定义 Vega 应用系统的实例对象。创建应用系统需要的 Vega 类实例,为系统运行做好数据准备。有两种方法完成该工作:一是调用带有 ADF 文件名参数的 Vega 函数 vgDefineSys()；另一种是直接调用各个 Vega 对象类的 API 函数创建需要的实例变量。

（3）配置 Vega 应用系统。配置 Vega 应用系统中实例对象的相关属性和状态。调用 vgConfisSys() 函数完成该工作。

4. Vega 中的类实例及相互关系

子系统在 Vega 开发中使用了以下这些类:系统（vgSystem）、窗口（vgWindow）、通道（vgChannel）、图形状态（vgGfx）、模型对象（vgObject）、场景（vgScene）、观察者（vgObserver）、运动方式（vgMotion）、碰撞（vgIsector）、环境（vgEnv）、云彩（vgEnvfx）、灯光（vgLight）、输入设备（vgIDev）、路径定义（vgPath）以及路径导航（vgSplineNavigator）。基于 Vega 应用开发中的类实例及其相互间的关系如图 8-60 所示。

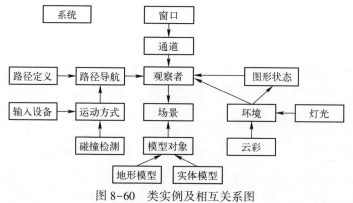

图 8-60　类实例及相互关系图

168

8.5.6 虚拟士兵碰撞检测方法

虚拟士兵碰撞检测原理和方法与前文中的碰撞检测技术一致,不再说明。

8.5.7 虚拟士兵行为规划

行为建模(Behavior Modeling)也称为人类行为表示(Human Behavior Representation,HBR),其含义是指用计算公式、程序或某种模拟方法来表示个体与组织的行为。一般来说,行为建模的研究内容主要包括场景态势感知、决策、规划、记忆与学习几个方面。

军事仿真中的行为建模表示人(特指作战人员)在战场中的行为。士兵的行为模型不同于原有的物理建模,存在大量不确定且难以形式化的因素,涉及行为推理、决策和知识学习等方面的内容。虚拟人的行为具有以下几个特点:

(1)目的性:虚拟人的任何行为在环境中均体现出一定计划。

(2)实时性:虚拟人能实时地对环境或本身状态的改变作出反应,从而表现相应的行为,行为执行必须在确定的时间内完成。

(3)交互性:虚拟人通过一定的行为与其他虚拟人交换信息或改变自身的状态。

(4)有序性:虚拟人的行为依照状态序列的时间参数严格排序,行为执行的顺序不同,结果也不相同。

(5)并发性:虚拟人的行为能够并发执行。

一个行为规划就是为了完成系统分配的子任务,是为了达到某一目标而制定的一个操作序列,它描述了从给定的初始状态到目标状态的一条路径。规划本质上是自动程序设计,规划模型接收以下参数:

(1)目标、意图或者任务,这是虚拟人希望实现或希望保持或避免的状态。

(2)当前的环境状态,即虚拟人的信念。

(3)虚拟人可以采取的动作。

虚拟士兵的行为规划主要包括军事思想及战术运用规则的有效表达、路线规划、任务制定、控制命令等交互手段的明确表述,以及遭遇事件后的自主反应等。士兵的战场行为需要利用规划以及行为库,支持士兵作出行为选择。

1. 基于基本动作的士兵行为规划

子系统的目的是在一个具有复杂地形的虚拟环境中,士兵能够自动地完成一系列的战术任务。本书提出基于动作的行为设计思想,将某些动作作为士兵的基本行为,将士兵的各战术动作作为士兵的行为来设计,用以适应动态、未知的战场环境要求。

虚拟士兵的动作可分为两个层次,分别是高层次行为及低层次行为。其中,高层次行为是指精神控制方面,也就是多人协同的行为,是为了实现某个特定战术意图的动作集合;低层次行为是由更低层次的行为组成。两者之间具有一定的关系:低层次行为受高层次行为制约,对高层次行为产生影响。

士兵的低层次行为可以进一步划分为基本动作、技术动作和组合动作。

(1)基本动作:基本动作是士兵最原始的不可再分的原子动作,如移动、转身等。

(2)技术动作:技术动作是在基本动作的基础上,利用基本动作沿一定的轨迹运动,达到一定的技巧性目的的动作,如射击等。

(3)组合动作:组合动作是在基本动作、技术动作的基础上,由一些相同性质的特殊动作组合而成,并由单个士兵完成的动作,如避障等。

图 8-61 所示为将多人协同进攻中掩护方的行为进行分解所建立的分层动作集合。

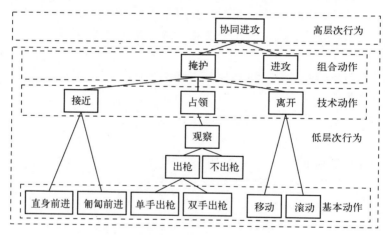

图 8-61　掩护行为的分层动作集合图

2. 虚拟士兵动作数据库的建立

虚拟士兵行为建模就是将单兵的各个军事动作进行分解,建立各个独立姿态的行为库。行为规划的意义就在于将不同的行为进行分析、归纳、演绎处理,形成由原始、基本的动作组成的动作行为库,使用时只需根据规则抽取相应的动作就可。图 8-62 是以射击为例列出士兵可能采取的动作集合。

实际上,士兵可能遇到的情况是复杂多变的,需要采取的对策也是多种多样的。子系统按照士兵实际战术训练中运动方向(前、后、横向、转身)、姿势(站

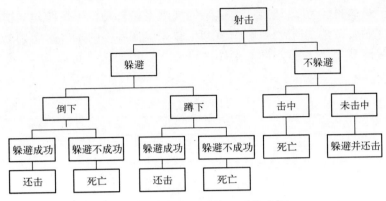

图 8-62　虚拟士兵射击动作集合图

立、弯腰、匍匐)及动作(不动、转身、跳跃、行走、跨步、跑步)三者进行分类,通过总结归纳,得出虚拟参战人员基本运动库如图 8-63 所示。

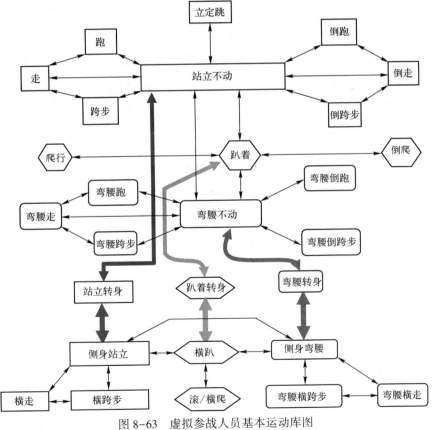

图 8-63　虚拟参战人员基本运动库图

有了基本的行为库,还要遵循一定的规则采取行动。子系统建立虚拟士兵行为规则库如表 8-7 所列。实际使用时,首先根据库中的条件事实判断虚拟士兵的实际情况,其次根据不同的条件事实采取应对措施,就可以完成一次正确的行为。

表 8-7　虚拟人行为规则库表

条件事实	动作	结论事实	最终性
虚拟人不存在	无	任务失败	N
虚拟人存在且不在要求位置处	满足要求位置	当前在要求位置处	N
虚拟人存在且在要求位置处	执行任务	动作完成	N
任务失败或任务完成	生成报告	任务完成	Y

虚拟士兵基本运动库及行为规则库建立之后,需建立一个用于规划虚拟士兵运动的专家系统来约束虚拟人的运动。

该行为控制专家系统通过任务推理、动作推理以及评价推理为虚拟士兵的行为规划提供支持。专家系统的构造图如图 8-64 所示。

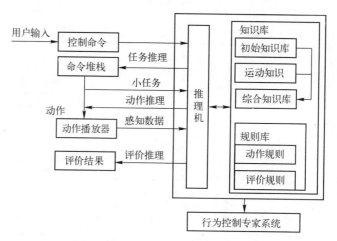

图 8-64　行为控制专家系统构造图

实际执行战术任务时,首先明确任务;其次由专家系统进行任务规划;再次进行路径规划,根据任务目的和所需路径,结合虚拟士兵行为规则库以及虚拟场景的相关信息,进行相应的动作规划;最终通过控制运动输出实际需要的动画。

8.5.8　虚拟士兵路径规划

路径规划问题最早应用于机器人领域,是指在有障碍物的环境中,如何运用某种策略生成从给定起始点到目标点的较优行走路径,使机器人在运动过程中

172

能安全、无碰撞地绕过所有障碍物,且所走路径最短。

虚拟士兵的路径规划指士兵的肢体可以无碰撞地由一点到达另一点。这里的无碰撞不仅指的是不碰到障碍物,同时也指不可以碰到或穿过虚拟人自己的躯体。本书将人工智能语言 Visual Prolog 应用在虚拟士兵路径搜索领域求取最短路径,并介绍了采用 A 算法和 A* 算法的路径规划。

1. 基于 Visual Prolog 语言的虚拟士兵路径规划

Prolog 的基本语句仅有 3 种,即事实、规则和目标。

(1)事实:事实用来说明一个问题中已知的对象和它们之间的关系。

(2)规则:规则由几个互相有依赖性的简单句(谓词)组成,用来描述事实之间的依赖关系。

(3)目标(问题):把事实和规则写进 Prolog 程序中后,就可以向 Prolog 询问有关问题的答案,询问的问题就是程序运行的目标。

图 8-65 所示为 Visual Prolog 语言程序设计框架图。

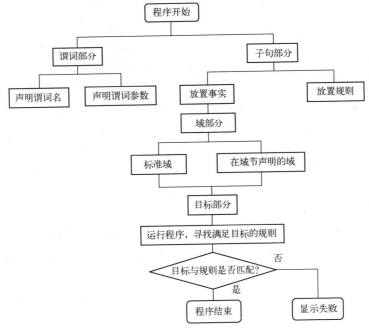

图 8-65 Visual Prolog 语言程序设计框架图

1)无障碍情况下由出发点到目的地的最佳路径搜索方法

假设其军事交通如图 8-66 所示,图中各节点代表一个基地,两基地间的连

173

线代表道路,线上数字表示基地间的距离。虚拟士兵位于基地 B,此算法采用穷举搜索算法,目的是在没有障碍物的情况下,虚拟士兵由起始点 B 出发,在诸多可选路径中行走,计算机自动推理得出虚拟士兵的最短路径规划的结果,最终找到一条最佳路径,到达终点 D。

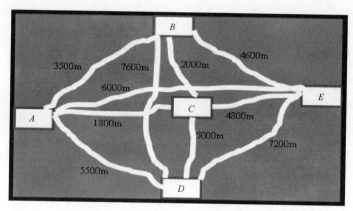

图 8-66　无障碍情况下的军事交通图

2）由出发点回到出发点的最佳路径搜索方法

军事交通图如图 8-66 所示,此算法的目的是要找出虚拟士兵由基地 A 出发,途经基地 B、C、D、E,且在每个基地只逗留一次,最终回到基地 A 的最短距离。其关键问题是如何设计路径使虚拟士兵走过的距离最短。

由于 Visual Prolog 语言是一种描述性语言,程序员只需给出求解问题所需的事实和规则即可。本书利用 Visual Prolog 语言自动推理得出的虚拟士兵最短路径规划结果如下:

$A \rightarrow D \rightarrow E \rightarrow B \rightarrow C \rightarrow A$

或　$A \rightarrow C \rightarrow B \rightarrow E \rightarrow D \rightarrow A$

3）有障碍物环境下由出发点到目的点的最佳路径搜索方法

图 8-67 的军事地图上,虚拟士兵由基地 A 出发,途径基地 H 执行任务,最终到达目的地基地 I。在基地 A 与基地 I 之间有若干通路,但有的通路上有敌人存在(敌方 B、E、G),算法的目的是为虚拟士兵设计一条安全的路线,使其能顺利地经由基地 H 到达基地 I。

程序中把已经经过的基地收集进一个目录中。如果虚拟士兵正处在即将离开的基地,route 谓词的第 3 个参数就是虚拟士兵已经经过的基地的列表。如果有基地 H 在这个列表中,则表明虚拟士兵顺利到达了基地 H,否则经过的基地列表就增加了 NextBase。

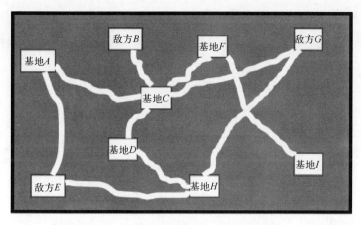

图 8-67　有障碍物环境下的军事交通图

利用 Visual Prolog 语言的实现部分代码如下:

```
go(Here,There):-route(Here,There,[Here]).
go(_,_).
route(Base,Base,VisitedBases):-
member(base_H,VisitedBases),
write(VisitedBases),nl.
route(Base,Way_out,VisitedBases):-
neighborBase(Base,NextBase),
avoid(DangerousBases),
not(member(NextBase,DangerousBases)),
not(member(NextBase,VisitedBases)),
route(NextBase,Way_out,[NextBase|VisitedBases]).
member(X,[X|_]).
member(X,[_|H]):-member(X,H).
GOAL
go(base_A,base_I).
```

Visual Prolog 程序的运行机理主要是基于匹配合一和回溯。求解安全路径的过程先从目标开始,首先把 go(base_A,base_I) 与 go(Here,There):-route (Here,There,[Here]) 匹配合一,将变量 Here、There 分别与常量"base_A"、"base_I"进行绑定;然后系统寻找能与目标谓词匹配合一的事实或规则头部。首先已与常量绑定的两个变量与第 1 个子目标 route(Base,Base,VisitedBases) 匹配。根据该规则的躯体部有约束 member(base_H,VisitedBases),从而可得到经过基地 H 的所有路径。但是此结果不能与第 2 个子目标匹配,因为在第 2 个子目标的躯体有

neighborBase(Base,NextBase),

avoid(DangerousBases),

not(member(NextBase,DangerousBases)),

not(member(NextBase,VisitedBases)),

avoid(DangerousBases)

这表示所求的路径必须要避免敌人的基地,而且顺次所寻找的下一个基地不是属于敌人的基地,也不是已经访问过的基地。最后程序通过 route(NextBase,Way_out,[NextBase|VisitedBases])实现递归,并且将寻找到的基地作为已访问过的基地列表的头部。

程序运行结果如图 8-68 所示。

```
[Inactive C:\Documents and Settings\jyhwbs\桌面\虚拟人\虚拟参战人员路径规划3\Ob...
["base_a","base_c","base_d","base_h","base_i"]
yes
```

图 8-68　运行结果图

由运行结果可得到虚拟参战人员顺利到达基地 H,并最终安全到达基地 I 的路径。

2. 基于 A* 算法的虚拟士兵路径规划算法

1) 基于 A* 算法的路径规划

启发式搜索算法 A* 算法又称为最佳图搜索算法(Optimal Search),是一种优化算法。主要是对估价函数加以特别的定义和描述时所得到一种具有较强启发能力的有序搜索法。当在算法 A 的评价函数中,使用的启发函数 $h(n)$ 是处在 $h'(n)$ 的下界范围,即满足 $h(n) \leqslant h'(n)$ 时,把这个算法称为 A* 算法。该算法为每个可能的下一个位置设定一个评估函数,每次搜索时,从 8 个位置中找出评估函数最小的一个作为下一个要行走的位置。

A* 算法的估价函数可表示为

$$f'(n) = g'(n) + h'(n)$$

式中:$f'(n)$ 为节点 n 从初始节点 s 到目标点的估价函数;$g'(n)$ 为在状态空间中从起点到终点的最短路径值;$h'(n)$ 为依赖于问题的启发式信息,称为启发函数,是当前节点 n 到目标的最短路径的估计。由于 $f'(n)$ 无法预先知道,所以需要用估价函数 $f(n)$ 近似。$g(n)$ 代替 $g'(n)$,但需满足 $g(n) \geqslant g'(n)$(大多数情

176

况下都满足),$h(n)$代替$h'(n)$,但需满足$h(n) \leqslant h'(n)$(这一点特别重要)。如果一个估价函数可以找出最短的路径,即称为可采纳性。A^*算法就是一个可采纳的最好优先算法。A^*算法的参考图框如图8-69所示。

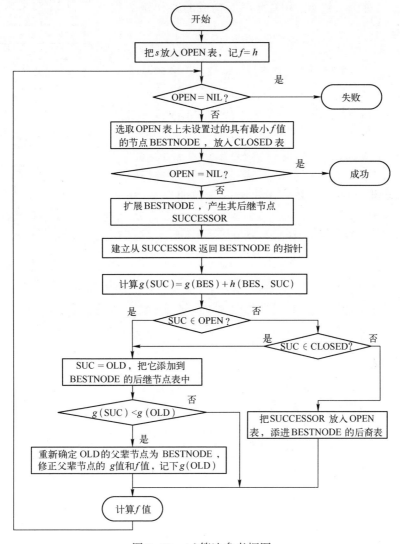

图8-69 A^*算法参考框图

具体在实现路径时,需要首先设计一个界面,一般用一个两维的网格来表示,用不同的颜色表示网格是可通行的或是有障碍物。程序中用不通的状态量表示该网格可以通行或是有障碍物,在程序执行之前定义好各个网格的状态。程序刚开始时,虚拟士兵在出发点,调用算法搜索下一个可行的节点位置,找到

177

后调整当前的坐标,然后用调整后的坐标作为当前的位置进行下一次搜索,以找到下一个节点位置。重复该过程直至到达目的地。

由 A* 算法所选得的路径上的节点(包括起始点及目标点)称为关键点,由关键点所构成的路径就是所求的最短路径。

2) 试验验证

子系统利用 A* 算法,在 Framework2.0 平台基础上进行路径规划,建立了一个二维环境下的虚拟士兵路径规划软件系统。该软件系统的目标是:在给定的二维平面地图上,提取诸多关键点,为每一个关键点添加附属信息,进行路径规划。选择好起点和终点后,软件可实时显示最短路径并将最短路径中经过的关键点表示出来。软件运行流程如图 8-70 所示。

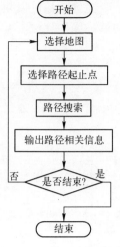

图 8-70　软件运行流程图

选定好路径的起点和终点之后,单击"显示路径"按钮,即可显示出最优路径。软件运行结果如图 8-71 所示。

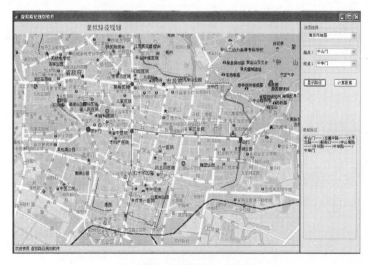

图 8-71　软件运行结果图

8.6　仿真枪械测控子系统

在分布式虚拟战场环境下半实物枪械作战效能评估分系统中,仿真枪械起

178

着关键的人机交互作用,是沟通虚拟场景和现实训练的一座桥梁。参训人员借助仿真枪械来完成训练任务,获得丰富的真实感体验,仿真枪械设计的优劣直接影响到参训人员的训练效果与最终的作战效能评估结果。为了更好地完善仿真效果,此仿真枪具有模拟子弹发射、单连发选择、声效、后坐力以及空间定位等功能。

8.6.1 模拟子弹的发射

在枪口加装一个红外激光发射器,利用激光来表现子弹的发射过程。激光发射器具有较好的聚光性,激光可以在穿越很远的距离后仍具有很好的聚光效果,不会发散,当激光射向大屏幕时,在大屏幕上的激光落点的大小基本上与枪口发射时光点的大小相同。普通的激光发射器发射的是可见光,投影在大屏幕上是一个明亮的红色光点,会与场景背景形成强烈对比,对参训人员造成干扰,影响作战训练效果。为了减小影响,本仿真枪械采用不可见光的红外激光发射器。

虽然可通过红外激光来表现子弹的发射过程,但根据外弹道学原理可知,子弹的飞行轨迹不是激光直射线,而是一个类抛物线,直接通过激光射线来取代子弹的飞行轨迹会有一定的误差。因此,本系统首先捕获红外激光在投影上的落点,经几何校正后,与空间定位子系统参数结合,推算出枪口在击发时的方位和角度等发射诸元参数,进而再利用弹道解算子系统推算子弹飞行轨迹。

8.6.2 模拟单连发射

在不同的作战环境下,对射击方式有不同的要求,本书设计了如图 8-72 所示的选择控制器,进行单连发的选择;该控制器同时又是安全保险装置,在不射击或维护枪械的情况下可以锁死扳机。为防止开关发生故障,在扣动扳机时,不要将选择控制杆从半自动改成全自动。

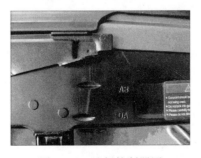

图 8-72　选择控制器图

扳机是仿真枪击发装置,在子系统中起开关作用。当拨动扳机时,闭合电动机、单片机两个电路,启动仿真枪工作,单片机驱动继电器控制电磁铁的吸合。选择控制器决定着仿真枪的单连发,若是单发工作,则扳机开关会在闭合瞬间又恢复断开状态;若是连发工作,扳机开关会始终闭合,单片机和电动机持续工作。当选择控制器处于水平位置为初始位置,处于保险状态。控制杆通过齿轮传动,拉动连杆左侧塑料卡板,将卡板置于最前端,扳机上方的挡块被完全顶住,此时挡块挡住扳机开关内部的铜片,无法拨动,完成仿真枪的保险。

全自动工作状态就是将选择控制器指向 AB 位置,此时塑料卡板后移一小部分,挡块上升到 1/2 位置,使工作中的仿真枪产生的回拨力不会将扳机内部的铜片推回断开电路,保持持续工作,这样就可以完成枪械的全自动仿真。半自动工作状态就是将选择控制器指向 OA 位置,此时塑料卡板后移到底,挡块完全抬起。此时仿真枪产生的回拨力可以将扳机内部的铜片推回断开电路,电动机停止工作,完成枪械的半自动仿真。

击发方式的选择,在仿真枪外部侧面通过拨动选择控制器直接实现,当选择控制器指向 OA 置为单发时,扣动扳机后,扳机开关闭合的瞬间将单片机系统连通工作,驱动红外发射器射出激光,尔后扳机开关复位,单发击发仿真完成;当选择控制器指向 AB 置为连发时,扣动扳机后,扳机开关始终处于闭合状态,单片机系统持续工作,驱动红外发射器按照一定频率发射激光,模拟枪的连发状态。整个流程如图 8-73 所示。

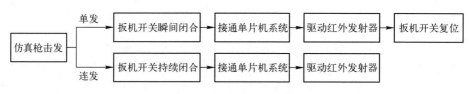

图 8-73　仿真枪模拟单连发流程图

8.6.3　模拟枪声

仿真枪使用电动机的转动来模拟击发弹丸,无法直接模拟枪械射击时产生的火药爆炸声响。本子系统采用外部音箱的方法实现发射声效的模拟。

模拟枪声的流程图如图 8-74 所示,当参训人员击发时,会驱动红外线激光发射,激光投射到大屏幕,图像采集程序会捕获到该落点,然后驱动音箱发出预录制好的模拟枪械发射声音。

图 8-74　模拟枪声流程图

8.6.4　模拟后坐力

枪械射击的后坐力是通过安装在枪托中的一个电磁铁来模拟的。当枪械击发时,发送信号给安装在枪内的单片机控制系统,控制系统闭合电磁铁的工作回路,电磁铁完成一次吸合动作,通过调整电磁铁的控制电流大小调节电磁铁吸合的力度,进而模拟击发时的后坐力效果。

仿真枪的控制部分主要包括激光发射电路、磁传感器电路、电磁铁电路,其分布情况如图 8-75 所示。这三部分电路是由一个单片机系统控制,其电路原理图如图 8-76 所示。

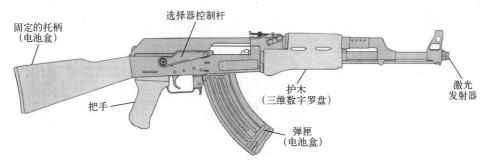

图 8-75　仿真枪构造图

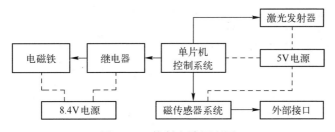

图 8-76　控制电路原理图

控制电路中有 2 个电压等级电源:5V 直流电源和 8.4V 直流电源。前者用来给激光发射器、单片机系统和磁传感器系统供电,后者用来给电磁铁和继电器供电。电池部件安装在枪托和弹夹内部。

磁传感器是利用地球的天然磁场,根据磁场的方向和强度的变化来解算目标对象的三维方向参数。由于磁通路对金属比较敏感,所以用来固定磁传感器

181

系统的座架采用了工程塑料来制作,同时要保证传感器的座架与枪管同轴。电磁铁安放在枪托中。

8.6.5　仿真枪械的空间定位

仿真枪械的三维空间姿态信息主要包括枪口的空间位置坐标和三维方向坐标,该姿态信息的实时准确获取可为分系统提供击发时枪口的初始位置和发射角等枪弹发射诸元参数,主要通过由三维数字罗盘搭建的空间定位子系统获取的方位角、俯仰角和翻滚角,以及基于图像采集与处理的激光弹着点几何校正子系统获取的激光弹着点三维空间坐标,结合计算得出。具体实施方法见 8.7 节和 8.8 节。

8.7　空间定位子系统

为获取仿真枪械在现实空间中的位置和角度信息,空间定位子系统主要采用磁传感器定位法对枪口进行空间定位。

8.7.1　三维空间定位系统工作原理

本子系统由霍尼韦尔的 HMC1021Z 和 HMC1022 的单轴和双轴磁阻传感器、一个加速度计、一个多路模拟数字转换器(ADC)集成电路、一个微控制器集成电路组成,图 8-77 所示为其工作原理图。

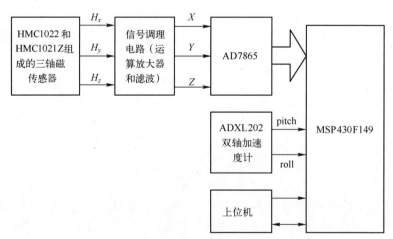

图 8-77　三维空间定位系统的工作原理图

其中，HMC1022 和 HMC1021Z 用于构成三轴磁阻传感器，由于其输出在 10Gs[①] 内，线性度很好，而且测量带宽可以达到 5MHz；信号调理电路则包含对信号的滤波和放大，主要由 ADI 公司的运算放大器 AMP04 和电阻、电容等构成，放大倍数由外接电阻调整，而选择不同的电阻和电容则可构成低通或高通滤波器；AD7865 是 ADI 公司的 14 位 A/D 转换器，由于单片机只能处理数字信号，所以要将运算放大器输出的模拟信号转换成数字信号，考虑到系统精度等方面的要求，所以选择 14 位的 A/D 转换器；加速度计 ADXL202 则用于检测载体的静态加速度，从而求得载体的俯仰角和翻滚角，ADXL202 是 ADI 公司的产品，它不仅可以测量静态加速度，也可以测量动态加速度，而且它的脉宽调置信号输出可直接和单片机连接，而不需要 A/D 转换器，这可降低系统的成本，也方便系统调试；本系统中使用的单片机是 MSP430F149，它采用 16 位 RISC 结构，CPU 中有 16 个寄存器和常数发生器，可使得代码效率达到最高，而且它还集成了 JTAG 接口，可直接对其中的 Flash 存储器进行编程；同时本系统还利用单片机的 UART 接口，通过 RS-232 总线和上位机进行通信。

8.7.2　三维空间定位系统的软件设计

软件设计包括微控制器上的程序和上位机的显示程序，前者存储在微控制器的 FlashROM 里，在微控制器上电复位后开始运行；而后者则用于实时显示微控制器检测到的载体姿态量，由 Visual C++完成。

1. 微控制器程序设计

本书的三维空间定位系统主要利用微控制器（MSP430F149）对传感器采集的信号进行处理，所以微控制器的程序主要用于求解空中载体的方位角，并利用加速度计提供的俯仰角和翻滚角，对方位角进行补偿，以提高精度。根据 MSP430 系列单片机及其仿真器的特点，微控制器程序由 C 语言编写，主要包括如下功能：A/D 转换器结果修正、微控制器读取传感器和加速度计的检测值并对该值进行软件滤波、求取方位角、与上位机进行通信等。图 8-78 为微控制器内部的程序流程图。

2. 上位机接收程序

上位机的接收程序由 Visual C++完成，主要利用一个串口类 CSeria1Port 来对串口进行操作。其中封装了对串口的各种操作：打开串口、读串口、向串口写

---

① 　$1Gs = 10^{-4}T$。

等,然后对接收到的数据进行实时显示。由于本三维系统要显示方位角、俯仰角和翻滚角,所以下位机在发送时会在各个数据的前面加"h"、"p"和"r",在后面加",",而一帧数据发送完则在最后加上"e"因此上位机接收的数据的格式是:"……h49.76,p13.09,r23.80e……",上位机在接收时也是根据其前缀来处理的。图 8-79 所示为上位机接收程序的流程图。

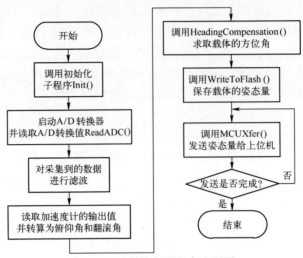

图 8-78　微控制器程序流程图

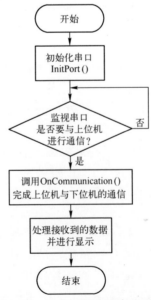

图 8-79　上位机接收程序流程图

184

8.8 弹着点校正子系统

由于摄像头直接采集的投影图像存在几何畸变问题,本子系统采用图像采集与处理的方法,在分析对比几种几何校正方法的基础上,筛选出最优的几何校正方法,对畸变图像进行误差补偿校正,以获取真实的激光弹着点位置信息。并利用 Visual C++6.0 作为开发平台,同时考虑现有分系统的硬件设备,及与分系统的交互,开发了仿真枪械激光弹着点几何校正子系统。

8.8.1 几何校正的最优方法分析

1. 多种几何校正方法误差对比

针对分系统实际情况,本书主要对畸变校正常用的方法进行了对比分析,找出最优几何校正方法。常用的数字图像几何畸变校正方法有基于共线方程的畸变校正、基于畸变等效曲面的图像畸变校正、双线性多项式校正、二次多项式校正、三次多项式校正、"124"次多项式校正、基于散列数据插值的畸变校正等。

为了能清晰、准确地比较各种校正方法的校正精度,通过编制程序采集了781×581 个畸变图像像素坐标及其对应于理想图像的坐标数据。用各种校正方法对几何畸变图像数据进行校正,而后与其相应的理想坐标进行对比,得出了各方法校正误差在不同像素位置的误差分布,列出各种校正方法对横坐标、纵坐标校正的最大误差和平均误差,如图 8-80~图 8-83 所示。

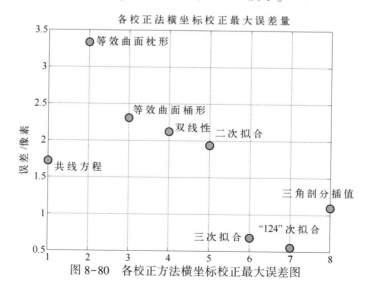

图 8-80　各校正方法横坐标校正最大误差图

185

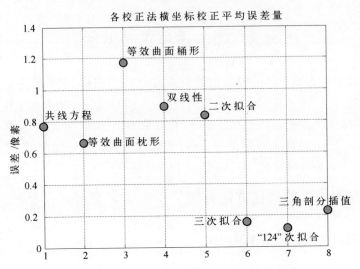

图 8-81　各校正方法横坐标校正平均误差图

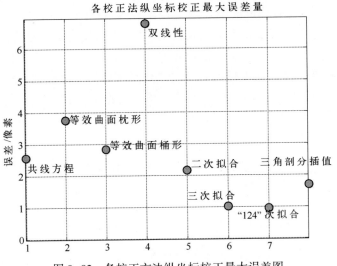

图 8-82　各校正方法纵坐标校正最大误差图

　　从各校正误差的分布图上看出,各校正方法中三次多项式、"124"次多项式、三角剖分插值校正法3种校正法对横纵坐标的校正误差都显示出无规则的分布情况,另外几种的校正误差则显示出一定的规律性;从各种校正方法的最大误差和平均误差(详细数据见表8-8)可以看出"124"次多项式校正方法精度最高,其次是三次多项式,再其次是三角剖分插值。其中"124"次多项式拟合方法的校正误差为:横坐标,最大0.55像素,平均0.12像素;纵坐标,最大0.95像素,平均 0.24 像素;圆误差最大 1.10 像素,平均 0.26 像素。根据表 8-8 列出的数据还可以看出图像发生了枕形畸变,但枕形畸变的校正误差明显小于共线方程的校正误差。

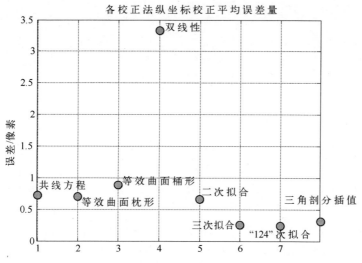

图 8-83　各校正方法纵坐标校正平均误差图

表 8-8　各种校正方法校正效果一览表

	最大 x	平均 x	最大 y	平均 y	最大 r	平均 r	适用情况
共线方程校正	1.72	0.77	2.58	0.72	3.10	1.05	无桶枕失真
等效曲面枕形校正	4.18	0.67	4.45	0.71	6.10	0.98	枕形失真
等效曲面桶形校正	2.30	1.17	2.83	0.89	3.65	1.47	桶形失真
双线性拟合校正	2.12	0.89	6.80	3.33	7.12	3.45	—
二次多项式拟合校正	1.94	0.84	2.16	0.66	2.90	1.07	—
三次多项式拟合校正	0.68	0.16	1.02	0.26	1.23	0.30	—
"124"次多项式拟合	0.55	0.12	0.95	0.24	1.10	0.26	—
三角剖分插值校正	1.09	0.23	1.69	0.31	2.01	0.38	—

　　综上所述,"124"次多项式校正法的校正误差达到了平均 0.26 个像素的程度,此外"124"次多项式校正法需要确定的未知系数只比三次多项式多 1 个,就当前的硬件水平而言,这些计算量的影响是微不足道的,因此本书选用"124"次多项式校正法进行激光弹着点的几何校正。

2. "124"次多项式校正法

多项式的校正方法是利用多项式近似代替映射函数关系,假设有几何畸变图像的坐标为(u,v),校正后图像坐标为(x,y),用

$$\begin{cases} x = \sum_{i=0}^{N} \sum_{j=0}^{N-i} a_{ij} u^i v^j \\ y = \sum_{i=0}^{N} \sum_{j=0}^{N-i} b_{ij} u^i v^j \end{cases} \tag{8.1}$$

近似代替

$$\begin{cases} x = p(u,v) \\ y = q(u,v) \end{cases} \tag{8.2}$$

由若干控制点求取系数a_{ij},b_{ij},建立映射关系,对几何畸变图像进行变换,再用图像插值的方法进行插值,完成图像校正。按校正多项式幂次数的高低,多项式校正方法分为双线性多项式校正方法、二次多项式校正方法、三次多项校正方法和"124"次多项式校正方法。"124"次多项式校正方式的最高次幂为四次,其校正解析式为

$$\begin{cases} x = a_1 + a_2 u + a_3 v + a_4 u^2 + a_5 uv + a_6 v^2 + a_7 u^4 + a_8 u^3 v + a_9 u^2 v^2 + a_{10} uv^3 + a_{11} v^4 \\ y = b_1 + b_2 u + b_3 v + b_4 u^2 + b_5 uv + b_6 v^2 + b_7 u^4 + b_8 u^3 v + b_9 u^2 v^2 + b_{10} uv^3 + b_{11} v^4 \end{cases} \tag{8.3}$$

该组解析式有 22 个未知系数,需要 11 个以上的控制点求解。

利用 C++语言开发基于以上原理的算法,先将采集的 n 个畸变坐标(u_1,v_1)、$(u_2,v_2)\cdots$,保存为 2 个一维数组 $u_{[n]}$ 和 $v_{[n]}$,再将 n 个未畸变坐标(x_1,y_1)、$(x_2,y_2)\cdots$,保存为 2 个一维数组 $x_{[n]}$ 和 $y_{[n]}$,建立一个二维数组 $A_{[][]}$,分别存放对应于上面矩阵 **A** 的对应的变量,做矩阵乘法 ATA、ATX 和 ATY,再将方程组 ATAa = ATx 和 ATAb = ATy 中 a 和 b 看作未知数,利用高斯列主元消元法解线性方程组,即可得到采用最小二乘法原理求取的校正解析式系数 a 和 b。

8.8.2 校正子系统工作过程

校正子系统是虚拟作战效能评估分系统的一个子系统,其主要作用是提取弹着点坐标、校正弹着点坐标并将坐标提交给分系统。其工作过程为:场景生成,计算机将虚拟场景经投影机投射到投影屏,参训者根据显示场景适时做出射击,将仿真枪射出的激光发射到投影屏上,摄像机采集场景后,经计算机处理提取出激光弹着点坐标。

具体过程分为校正参数提取和弹着点坐标计算两大步骤:

（1）校正参数提取。主机在从机中获得控制点理想坐标,完成校正图像控制点的生成并将控制点投射到屏幕;从机完成图像采集、提取控制点,并根据提取的畸变控制点坐标和对应理想坐标解算,求取"124"次多项式校正解析式所需要的 22 个参数。

（2）弹着点坐标计算。当分系统投射训练场景,参训人员向屏幕射击时,从机在采集图像中先提取射击弹着点坐标,再将弹着点坐标经过"124"次多项式拟合公式校正计算,最后将校正后的弹着点坐标与空间定位子系统获取的方位角、俯仰角和翻滚角结合,得出仿真枪械击发时枪口的初始位置和发射角等枪弹发射诸元参数。

8.8.3　子系统总体设计

1. 子系统硬件构成

校正子系统是分系统的一部分,采用分系统的物理结构,其连接如图 8-84 所示。校正子系统涉及的硬件如下。

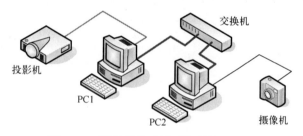

交换机

投影机

PC1

PC2

摄像机

图 8-84　图像采集系统系统硬件连接图

（1）主机:在获取校正参数时用于生成控制点图像。

（2）投影机:用于投射控制点图像。

（3）摄像机:用于获取控制点图像。

（4）从机:在获取校正参数时用于提取控制点坐标,计算"124"次多项式校正解析式的 22 个系数,在分系统运行时用于提取仿真枪激光弹着点坐标,并对坐标进行几何校正计算。

（5）网络交换机,用于两台计算机通信。

硬件设备主要参数如下。

主机:CPU 为 AMD Athlon 64 3200+ 2.2GHz,512MB 内存,独立显卡。

从机:CPU 为 Celeron D 2.66GHz,256MB 内存,集成显卡。

摄像机主要参数:符合 IEEE 1394 标准、CMOS 单色数字图像传感器,分辨力为 1280×1024,光学尺寸为 1/1.8 英寸,像素深度为 8 位。

2. 系统流程图

根据校正子系统和分系统的关系及其工作过程,校正子系统的总体工作流程如图 8-85 所示。

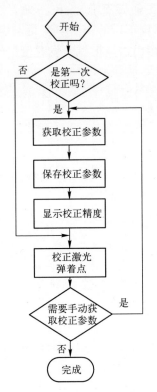

图 8-85　校正子系统工作流程图

3. 软件结构

校正子系统在主机和从机两台计算机上运行,主机主要用于运行控制点生成,包括控制点生成模块和网络通信模块;从机主要用于弹着点坐标计算,包括提取弹着点模块、摄像机输入输出模块、摄像机调节模块、校正参数获取模块、弹着点坐标计算模块。其中核心模块为校正参数获取模块、弹着点坐标计算模块。

校正参数获取要实现以下具体功能:自动校正参数获取;保存校正参数及获取时间;显示小幅图像;手动校正参数获取;校正效果及定位精度提示;网络通

信。射击弹着点校正要实现以下具体功能:摄像机初始化;采集图像;射击区域显示;摄像机操作;提取射击弹着点;校正图像;网络通信。具体结构如图8-86所示。

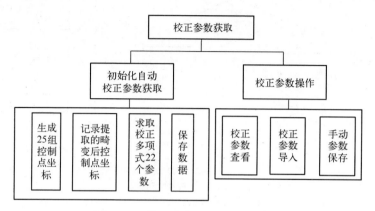

图 8-86 校正参数获取软件结构图

8.8.4 主要模块的实现

1. 数据通信的实现

采用 RTI 规范实现主机与从机之间的数据通信,在主机和从机各自建立一个 RTI 接口列表,对 RTI 端口进行侦听,等待相应的 RTI 接口程序进行连接请求,侦听过程通过建立一个独立的 RTI 侦听线程实现。

在校正子系统的通信中,其通信包括命令字和数据字两部份内容,命令字主要用于实现选择何种工作步骤、判断控制点是否提取完毕等,数据字用于发送生成的控制点坐标、激光射点坐标,具体的校正子系统数据通信处理流程如图8-87所示。

2. 图像控制点的生成

为了能够确定畸变图像校正前后的变形情况,采用控制点投射的方法确定图像几何变形量。本书采用的控制点投射图是一幅黑色背景图,用白色小方块来模拟控制点,控制点中心坐标为白色方块的中心坐标。根据定位的要求,控制点应当尽量小,考虑到图像的识别,控制点需要适当增大,同时大小要接近射击弹着点的大小。经过多次反复实际检验,5×5 个像素的控制点对于本校正系统是比较合适的。控制点生成图像如图8-88所示。

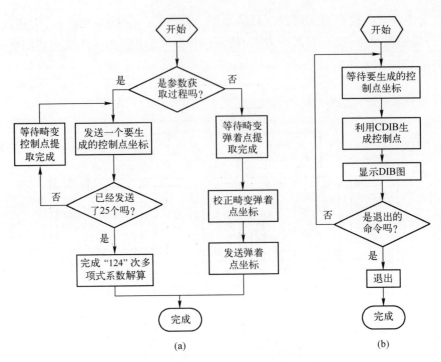

图 8-87　校正系统数据通信处理流程图

（a）主机信息处理流程；（b）从机信息处理流程。

图 8-88　控制点生成图

利用 Visual C++的设备无关位图（Device Independent Bitmap，DIB），很方便地在所需坐标位置生成控制点，并可灵活地显示。

BMP 文件有 3 个组成部分：文件信息 BITMAPFILEHEADER 头文件，位图信息的 BITMAPINFO 文件和位图的图像存储数据。BITMAPINFO 由位图信息头文件 BITMAPINFOHEADER 及其调色板组成，当位图是真彩色位图就没有颜色表。

利用位图文件的 BITMAPINFO 及其图像数据就可以对该图像进行处理或

显示。

其结构的定义如下：

BITMAPFILEHEADER：

```
typedef struct tagBITMAPFILEHEADER{    //bmfh
    WORD bfType;          //文件类型,必须是"BM"
    DWORD bfSize;         //文件大小,整个文件的字节数
    WORD bfReserved1;     //保留,必须为 0
    WORD bfReserved2;     //保留,必须为 0
    DWORD bfOffBits;      //从文件起始处到图像数据起始处的偏移字节数
{BITMAPFILEHEADER;
```

BITMAPINFO：

```
    typedef struct tagBITMAPINFO{
    BITMAPINFOHEADER bmiHeader;         //位图信息头文件
    RGBQUAD bmiColors[1];               //调色板
{BITMAPINFO;
```

```
typedef struct tagBITMAPINFOHEADER{//bmih
    DWORD biSize;          //本结构的字节数
    LONG biWidth;          //位图的像素数宽度
    LONG biHeight;         //位图的像素数高度
    WORD biPlanes;         //位图的平面数,必须是 1
    WORD biBitCount;       //单个像素的位数
    DWORD biCompression;   //压缩类型
    DWORD biSizeImage;     //图像的字节数
    LONG biXPelsPerMeter;  //设备和水平分辨率
    LONG biYPelsPerMeter;  //设备和垂直分辨率
    DWORD biClrUsed;       //实际用到的调色板中颜色数
    DWORD biClrImportant;  //显示该位图所需要的重要颜色数
{BITMAPINFOHEADER;
```

单个像素的位数 biBitCount 决定了该位图的最大颜色数量,分为 0、1(单色)、4(16 色)、8(256 色)、16(65536 色)、24(16777216 色真彩色)、32 位图像。

显示位图用到如下的图像显示函数:

```
HDC  *hdc;
Hdc=GetDC();              //获取设备上下文
```

```
Crect rect;                          //定义一个矩形结构体
GetClientRect(rect);                 //获取窗口客户区
m_CDIB.showDIB(pDC,                  //绘图的设备上下文
    0,                               //绘制矩形的起点横坐标
    0,                               //绘制矩形的起点纵坐标
        rect.Width(),                //矩形的宽度
        rect.Height());              //矩形的高度
ReleaaseDC(hdc);                     //释放设备上下文
```

3. 边缘检测

用边缘检测对获得的图像信息特征进行提取。在图像中,点和边缘携带着许多重要的信息,通过边缘检测区分两个不同区域的界线。边缘检测是在图像局部判断灰度变化的运算,梯度用来表征二元函数中函数变化情况,它是一个向量,方向指向变化最大的方向,大小为所求点横纵坐标的偏导数的模长。可通过图像梯度求取灰度的变化,图像 $f(x,y)$ 的梯度:

$$\begin{bmatrix} G_x \\ G_y \end{bmatrix} = \begin{bmatrix} \dfrac{\mathrm{d}f}{\mathrm{d}x} \\ \dfrac{\mathrm{d}f}{\mathrm{d}y} \end{bmatrix} \tag{8.4}$$

梯度幅度值可以是如下几种:

$$G[f(x,y)] = \sqrt{G_x^2 + G_y^2} \tag{8.5}$$

$$G[f(x,y)] = |G_x| + |G_y| \tag{8.6}$$

$$G[f(x,y)] = \max\{|G_x|, |G_y|\} \tag{8.7}$$

梯度方向

$$\theta(x,y) = \arctan(G_y/G_x) \tag{8.8}$$

在进行边缘检测时,既要防止阈值过大丢失有用的边缘,又要防止阈值过小引入不必要的边缘(如噪声引起的边缘),要合理设置阈值确定边缘点的存在。梯度运算是一种微分运算,微分运算对离散化的噪声较为敏感。针对这个问题,应在边缘检测前使用滤波器将包含噪声点的图像进行处理。

4. 控制点/激光弹着点坐标的提取

采用若干控制点求"124"次多项校正式系数,需要将采集到的图像中的控制点坐标提取出来。通常采用边缘检测的方法提取控制点坐标。子系统设置了

194

一种黑底白点的控制点图,白点的位置就是控制点的位置,采用这种设置可以大大简化控制点坐标的提取。单个控制点提取的方法如图 8-89 所示,此方法同样运用于激光弹着点的提取。控制点数量选择不影响校正精度。

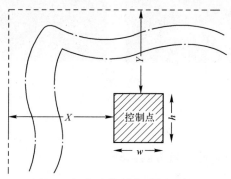

图 8-89　求取控制点坐标示意图

其算法原理如下:计算机从左上角开始逐行扫描摄取图像,当超过阈值时判断已扫描到控制点区域,凡是有控制点区域的像素将横坐标和纵坐标各自累加,扫描完整个图像,记录控制点的像素个数;将累加的横坐标和纵坐标分别除以像素个数,则得控制点中心坐标的横纵坐标,这样就完成单个控制点的提取,然后进行下一控制点的提取,直到所有控制点都提取完毕。

具体做法是:从摄取的图像里获取控制点,对摄取的图像设置一定的阈值使摄取图像二值化,进一步再对整幅图像进行横向和纵向的扫描,提取颜色各分量值都为 255 的点,并将横纵坐标各自累加,最后除以点数,求得白色方块的中心坐标,即求得控制点的中心坐标。

采用这种方法可以减少许多诸如滤波消噪、边缘提取等处理环节,简化程序设计。

图 8-90(a)为摄像机采集到的图像,图 8-90(b)为采用 255 的阈值将图像二值化后的图像,图 8-90(b)中只剩下激光弹着点,因此可以采用相同的方法提取激光弹着点坐标。

由于受到实验室空间的限制,激光发射器与屏幕的距离较近(约 18m),激光器在屏幕上形成的光斑大小为约 10×10 个像素,可以直接采用上述方法对弹着点坐标进行提取。当激光发射器距离屏幕较远时,形成的光斑可能远远大于 10×10 个像素,此时可以先对采集图像中的阈值进行调整,使激光光斑的像素数量小于 10×10 个像素,而后再进行提取。

控制点的数量对横纵坐标平均校正误差没有明显的影响,对于最大误差呈现不规则影响,试验证明,控制点数选取 25 个即可满足精度要求。

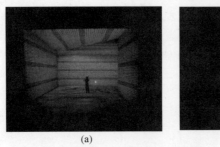 

(a) (b)

图 8-90 激光弹着点采集及其二值化图像

(a)摄像机采集到的图像；(b)采用 255 阈值将图像二值化后的图像。

5. 仿真枪械单发和连发射击的判断

由于摄像机采集数据较大(1280×1024 个像素)，采集数据更新较慢(每幅图像约需 0.04s)，如果按照真实仿真枪械的射击发射激光(0.08~0.11s)容易造成弹着点重复检验。

另外，激光射击时，为了能获取激光弹着点的位置，还需要保证射击持续时间不少于 0.04s，以便摄像机能采集到激光弹着点。

因此，仿真枪械射击时采用如下方案：当仿真枪械模拟轻武器单发射击时，仿真枪械发射一次 0.08s 时长的激光；当仿真枪械连续射击时，仿真枪持续发射激光，如图 8-91 所示。摄像机采集图像时，第一次采集到弹着点时保留，当第二次采集到弹着点时丢弃该采集信息，这样在单发和连续射击时都能模拟出实弹射击。

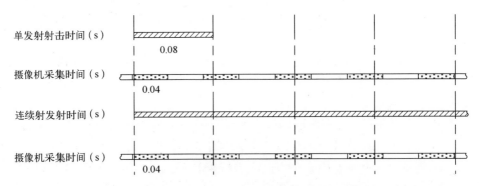

图 8-91 摄像机对单发射和连续射击弹着点的采集图

6. 系统试验及其结果分析

采用投射 5×5 大小的白色方块模拟仿真枪械的弹着点,其投射位置如图 8-92所示,共投射 15×15 = 225 个点,其分布于仿真枪械射击的大部分区域。校正后的激光弹着点坐标与投射点坐标误差分布情况如图 8-93 所示。其校正误差不大于 0.6 个像素,弹着点圆误差不大于 0.8 个像素;计算得横坐标校正误差 0.17 个像素,纵坐标校正误差 0.24 个像素,弹着点校正平均圆误差为 0.29 个像素。

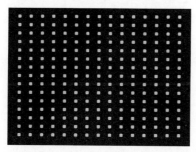

图 8-92 仿真枪械射点投射位置图

(注:白色点位置代表弹着点;为便于显示,对"弹着点"进行了适度放大)

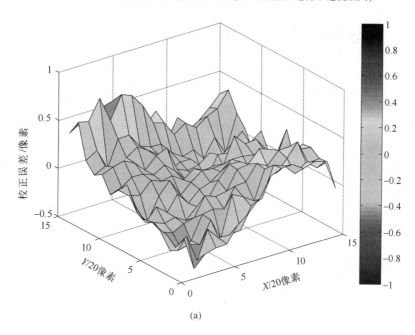

(a)

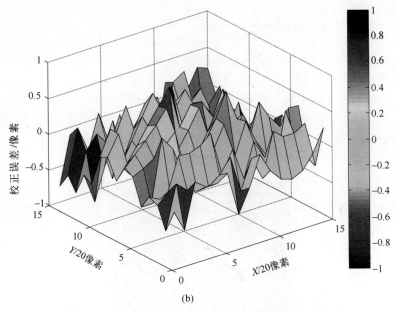

图 8-93　激光弹着点坐标误差分布情况

(a)校正系统——横坐标校正误差;(b)校正系统——纵坐标校正误差。

8.9　弹道解算子系统

8.9.1　弹道解算的基本原理

　　子弹从枪口射出到命中目标直至停止,一直处于不停的运动过程之中,包括子弹的质心运动和子弹的绕心运动。

　　子弹出枪口初期,具有一定的初速度;在空气中飞行阶段,受到子弹质量、形状、以及地球引力和空气阻力的影响,飞行弹道具有独特的特点。本书采用外弹道学中标准弹丸飞行模型来模拟子弹从枪口发射后的运行轨迹,通过计算机进行实时弹道解算,推算出子弹是否能够命中目标对象。

8.9.2　弹道解算方法

　　标准条件下以时间为变量的直角坐标系的弹丸质心运动微分方程组为

$$\begin{cases} \dfrac{\mathrm{d}v_x}{\mathrm{d}t} = -C_b H(y)G(v)v_x \\[2mm] \dfrac{\mathrm{d}v_y}{\mathrm{d}t} = -C_b H(y)G(v)v_y - g \\[2mm] \dfrac{\mathrm{d}x}{\mathrm{d}t} = v_x \\[2mm] \dfrac{\mathrm{d}y}{\mathrm{d}t} = v_y \\[2mm] v = \sqrt{v_x^2 + v_y^2} \end{cases} \tag{8.9}$$

积分计算初始条件为:$t=0$ 时,$v_x = v_{x0} = v_0\cos\theta_0$,$v_y = v_{y0} = v_0\sin\theta_0$,$v_0$ 即弹丸初速,x_0、y_0 为炮口的世界坐标值。

为便于编程实现,对此方程组进行改造如下:

$$\begin{cases} \Delta v_x = -C_b H(y)G(v)v_x \Delta t \\[1mm] \Delta v_y = \left[-C_b H(y)G(v)v_y - g \right]\Delta t \\[1mm] v_x = v_x + \Delta v_x \\[1mm] v_y = v_y + \Delta v_y \\[1mm] \Delta x = v_x \Delta t \\[1mm] \Delta y = v_y \Delta t \\[1mm] x = x + \Delta x \\[1mm] y = y + \Delta y \end{cases} \tag{8.10}$$

利用计算机求解弹丸质心弹道实际上就是解微分方程组的初值问题。一阶微分方程的数值解法有欧拉法、预测-校正法和龙格-库塔法等,其中龙格-库塔法具有较高的精度和较快的速度,因此本书采用该方法来求解弹道方程。

常用的是四阶龙格-库塔法公式,其 Δy_i 值修改为

$$\Delta y_i = \frac{1}{6}k_1 + \frac{1}{3}k_2 + \frac{1}{3}k_3 + \frac{1}{6}k_4 \tag{8.11}$$

其中

$$\begin{cases} k_1 = hf(t_i, y(t_i)) \\[2mm] k_2 = hf\left(t_i + \dfrac{h}{2}, y(t_i) + \dfrac{1}{2}k_1\right) \\[2mm] k_3 = hf\left(t_i + \dfrac{h}{2}, y(t_i) + \dfrac{1}{2}k_2\right) \\[2mm] k_4 = hf(t_i + h, y(t_i) + k_3) \end{cases} \tag{8.12}$$

则

$$y(t_{i+1}) = y(t_i) + \frac{1}{6}(k_1 + 2k_2 + 2k_3 + k_4) \tag{8.13}$$

弹丸发射后的每一帧图像中,都进行此计算并实时更新弹丸的位置,还可以显示在一个新的窗口或者通道中。当不观察此运动过程时,可以关闭窗口或者通道。

根据面向对象的设计思想,将弹道求解的过程以及相关属性和参数封装成一个弹道解算类,名为 CDandao。该类的实例是由管理器类(CManager)创建,在创建时传入一个管理器类的指针,该管理器类聚合着目标靶对象,通过管理器指针可以获取目标靶对象的相关参数。

CDandao 中最关键的是 TrackBall 函数,它实际上是求解弹道方程的主过程。根据上面的分析可知,弹道求解的过程是一个迭代的过程,即从子弹的初始位置开始,按照弹道方程的限制,以时间作为步长不断地进行迭代,每次迭代后可以获得下一次迭代的初始值,包括子弹当前的位置坐标、角度坐标和运动速度参数。

判断子弹是否命中目标就是比对当前子弹的位置是否与目标靶对象有碰撞发生,采用前面介绍的 LOS 碰撞检测方法可以实现这一过程。在每次迭代结束之后,用子弹的当前位置坐标和角度坐标更新 LOS 碰撞检测的线段参数,即用检测线段来模拟子弹,然后使用碰撞检测函数去检测这条线段是否与目标发生碰撞,如果发生了则可以根据该函数的返回参数得到碰撞发生的位置,接着再利用从传入的管理器类 CManger 指针,获取其中聚合的目标靶对象,调用目标靶对象的 GetScore 函数来计算当前的碰撞位置,并将结果进行保存。

其实,并不是每次迭代过程中都要进行碰撞检测,因为碰撞检测会消耗很多系统资源,过于频繁的使用会降低系统的运行效率,影响场景渲染的流畅性。因此,为更有效地实现判断目标靶与子弹之间的关系,只有当目标靶与子弹之间达到一定距离的情况下才开始进行碰撞检测。另外,由于子弹长度较短,时间步长若取的过大,很可能发生错过的现象,如图 8-94 所示,目标靶对象刚好在子弹的两次迭代位置之间,实际上是穿越了目标靶,主要是由于步长过大,出现了错判。因此,在碰撞检测阶段,要保证子弹的飞行速度与时间步长之积小于目标靶的厚度。然而,步长过小,会使得计算机处理迭代过程的时间过长,因此可以在开始碰撞检测之前需选用合适的迭代步长,选用方法详见8.9.4 节。

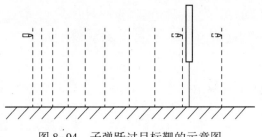

图 8-94　子弹跃过目标靶的示意图

8.9.3　弹道解算的初始参数

根据上述方法进行迭代求弹道轨迹时,首先要明确以下几个求解初始参数:弹丸发射位置、弹丸初速度、弹道系数、子弹长度、风速等。

在程序设计中将上述的初始参数以及弹道计算过程中返回的结果写入一个结构体中。该结构体定义如下:

```
typedef struct tagBulletStruct
{   double x0,y0,z0;                    //弹丸发射位置
    double x1,y1,z1;                    //需要计算的弹丸目标位置
    double vdx,vdy,vdz;                 //落回水平线时的速度分量,即 y=0
                                       //时的速度分量
    double Vx0,Vy0,Vz0;                //弹丸发射速度
    double Vx1,Vy1,Vz1;                //需要求解的目标位置处速度
    double Vwx0,Vwy0,Vwz0;             //风在 x,y,z 分量的速度
    double V0,Vw0;                     //弹丸初速度,和风速
    double ShootAngle;                 //发射角
    double weight;                     //弹重
    double DanDaoi;                    //弹形系数
    double DanDaoMc;                   //质量系数
    double DanDaoD;                    //弹径
    double EllipseTime;                //飞行时间
    double DanDaoC43;                  //弹道系数
    double DanDaoYm,DanDaoYm_X;        //最大弹道高,以及该点对应的 X
                                       //坐标
    double DropAngle;                  //落角,弹丸从从上向下再次经过发
                                       //射线的速度角度
```

201

```
    double dletat;                          //时间积分步长
    double BulletLength;                     //子弹长度
}BulletStruct;
```

8.9.4　弹道解算步长选择

以某步枪的基本参数作为初始数据,利用上述弹道方程的解算方法进行解算,可以推算出子弹飞行过程中的各位置参数,参考其射表对计算结果进行校验。通过比较可知,在100m距离射击时,计算结果与射表数据十分接近,误差很小。

利用计算机求解弹道方程实际上是以迭代的方式逐步推算,而迭代的步长是以时间为单位。根据求解微分方程的数值分析理论可知,在一定程度上步长越短,最终的结果越精确,但是所花费的求解时间越长,计算速度和求解精度是一对矛盾体。根据计算机运算速度和仿真系统对解算速度的要求,必须在计算速度和求解精度上进行平衡选取。通过比较不同的步长和计算精度可以看出,当步长小于0.1ms的时候,对于100m射击情况而言,计算机计算出100m射击弹道花费的时间小于1ms,计算出的飞行时间较0.01ms步长相比相差0.06ms,水平距离相差0.019m,高度相差0.00001m;当步长设为0.01ms时,计算弹道花费的时间是60ms,精度并没有显著的提高;当步长设为1ms时,计算弹道的时间更少了,但是精度却有较大的下降。

通过表8-9和表8-10所列的仿真结果数据进行比较,发现采用0.1ms的计算步长,既可以保证计算机在相对短的时间内完成计算,又可以保证一定的计算精度。

表8-9　某步枪100m距离距离射击步长与计算结果对照表

时间步长/ms	计算用时/ms	飞行时间/ms	目标处水平距离/m	目标处垂直高度/m
0.001	671	144.97	100.0000	0.04785
0.01	60	144.96	100.0011	0.04785
0.1	<1	144.90	100.0205	0.04784
1	<1	144.00	100.0205	0.04784
10	<1	140.00	103.2509	0.04579
注:初速度735m/s,弹道系数8.494,射击角1.4密位				

表 8-10　某步枪 200m 距离射击步长与计算结果对照表

时间步长/ms	计算用时/ms	飞行时间/ms	目标处水平距离/m	目标处垂直高度/m
0.001	1051	310.18	200.0004	0.02783
0.01	90	310.18	200.0049	0.02782
0.1	10	310.10	200.0106	0.02780
0.5	<1	310.00	200.1308	0.02739
1	<1	310.00	200.4632	0.02670
10	<1	310.00	205.5353	0.01387
注:初速度 735m/s,弹道系数 8.494,射击角 2.2 密位				

参 考 文 献

[1] 王亚平. 自动武器数值仿真技术及其应用[D]. 南京:南京理工大学,2003.
[2] 胡志刚. 大口径机枪系统仿真与综合动态优化技术的研究[D]. 南京:南京理工大学,2005.
[3] 倪进峰. 自动武器虚拟样机技术及其在大口径机枪系统中的应用[D]. 南京:南京理工大学,2006.
[4] 韩松臣. 导弹武器系统效能分析的随机理论方法[M]. 北京:清华大学出版社,2001.
[5] 郭齐胜. 郅志刚,杨瑞平,等. 装备效能评估概论[M]. 北京:国防工业出版社,2005.
[6] 郭齐胜. 袁益民. 郅志刚. 军事装备效能及其评估方法研究[J]. 装甲兵工程学院学报,2004(1):1-5.
[7] 李明,刘澎. 武器装备发展系统论证方法与应用[M]. 北京:国防工业出版社,2000.
[8] 黄俊. 航空武器装备作战效能分析[D]. 北京:北京航空航天大学,2000.
[9] 杨秀珍. C³I系统的建模与作战效能评估技术[D]. 西安:西北工业大学,1998.
[10] 王寅生. 武装直升机雷达隐身效能分析方法研究[D]. 北京:北京航空航天大学,2000.
[11] 盖秀红. 地空导弹武器系统效能分析[D]. 北京:北京航空航天大学,2000.
[12] 商重阳. 第三代战斗机空战仿真系统研究[D]. 西安:西北工业大学,2001.
[13] 徐邦海. 对地攻击机作战效能评估软件系统的研制与开发[D]. 西安:西北工业大学,2001.
[14] 高雁南. 反舰导弹系统作战效能分析[D]. 西安:西北工业大学,1999.
[15] 史志富. 防区外空面导弹武器系统仿真与效能评估研究[D]. 西安:西北工业大学,2005.
[16] 罗朔锋. 仿真支撑平台及环境仿真技术研究[D]. 哈尔滨:哈尔滨工程大学,2004.
[17] 涂延军. 飞机飞控系统LCC和系统效能分析与评价[D]. 西安:西北工业大学,2003.
[18] 朱绍强. 攻击机作战效能评估的理论与方法研究[D]. 西安:西北工业大学,2001.
[19] 张静. 攻击机作战效能评估理论方法研究及其软件系统开发[D]. 西安:西北工业大学,2000.
[20] 杨峰. 面向效能评估的平台级体系对抗仿真跨层次建模方法研究[D]. 长沙:国防科学技术大学,2003.
[21] 汤瑞超. 机载火控雷达性能分析及效能评估[D]. 西安:西北工业大学,2003.
[22] 刘志敏. 歼击机空战效能研究与计算机仿真[D]. 西安:西北工业大学,2003.
[23] 史伟. 舰载机作战效能评估技术研究[D]. 西安:西北工业大学,2001.

[24] 毛燕芬. 空对地攻击系统效能分析[D]. 西安:西北工业大学,2001.

[25] 张建军. 利用计算机对炮兵营对抗条件下的作战效能分析[D]. 沈阳:东北大学,2001.

[26] 王曙光. 单兵综合作战系统作战效能评价研究[D]. 石家庄:军械工程学院,2005.

[27] 张建军. 155mm 末敏弹武器系统效能分析[D]. 南京:南京理工大学,2005.

[28] 王京鸣. 155mm 牵引榴弹炮系统效能分析[D]. 南京:南京理工大学,2000.

[29] 王海虹. 武装直升机对地攻击作战效能分析[D]. 北京:北京航空航天大学,2003.

[30] 汪民乐. 遗传算法理论及其在攻击机靶场效能优化中应用研究[D]. 西安:西北工业大学,2001.

[31] 孙晓敏. 战斗机作战效能评估研究[D]. 西安:西北工业大学,2000.

[32] 吕士明,刘力维. 着发射击高射武器系统效力分析[D]. 南京:南京理工大学,2001.

[33] 陈遵银,葛银茂. 航空武器系统作战效能分析[J]. 航空计算技术,2001(4):21-23.

[34] 常福忠. 加强对军用飞机武器系统综合作战效能评估的研究[J]. 航空系统工程,1992(6):24-29.

[35] 齐重阳,王宏,等. 影响综合航电武器系统作战效能的因素分析[J]. 飞行试验,2002(6):22.

[36] 安红,邓扬建,李春林. 综合电子战作战效能仿真系统[J]. 电子对抗技术,2000(6):30-35.

[37] 徐培德,潭东风. 武器系统分析[M]. 长沙:国防科技大学出版社,2001.

[38] 田棣华,肖元量. 高射武器系统效能分析[M]. 北京:国防工业出版社,1991.

[39] 李延杰. 导弹武器系统的效能及其分析[M]. 北京:国防工业出版社,2000.

[40] 洪文荣,王琪,赵伟华. 分布交互仿真技术及其在军事领域中的应用[J]. 科技广场,2005(1):63-68.

[41] 宋海凌,李海滨. 应用分布式仿真技术评估舰载武器作战能力[J]. 战术导弹技术,2001(3):58-65.

[42] 惠天舒,陈宗基,童军. 分布交互仿真技术综述[J]. 系统仿真学报,1998(2):1-7.

[43] 洪文荣,王琪,赵伟华. 分布交互仿真技术及其在军事领域中的应用[J]. 科技广场,2005(1):63-68.

[44] 徐安德. 防空导弹武器系统反空袭、抗多目标作战效能的评定[J]. 航空兵器,2004(4):36-38.

[45] 耿奎,李为民,赵晨光. 基于 DIS 的网络化防空作战系统作战效能评估研究[J]. 计算机仿真,2004(10):12.

[46] 刘永红,薛青,张伟,等. 基于 HLA/RTI 的雷达侦察仿真平台的研究与实现[J]. 系统仿真学报,2006(增刊1):219-225.

[47] 李凌鹏,刘毅,范勇. 基于 HLA 的地空对抗仿真系统方案设计[J]. 系统仿真技术,2006(2):69-73.

[48] 齐照辉,王祖尧,等. 基于 UML 的导弹攻防仿真系统设计及实现[J]. 系统仿真学报,2006(3):602-606.

[49] 江汉,尹浩,李学军,等. 基于分布式仿真的 C^4ISR 效能评估系统设计与实现. 系统仿

真学报[J],2006(6):1550-1553.

[50] 王春霞,江汉. 基于分布式仿真的无线电通信对抗效能评估系统[J]. 通信对抗,2005 (4):30-34.

[51] 迟刚,王树宗. 基于高层体系结构的鱼雷武器系统仿真环境设计[J]. 系统仿真学报, 2004(7):1486-1488,1498.

[52] 江汉,张义宏,等. 基于体系对抗仿真的指挥自动化系统效能评估[J]. 军事运筹与系统工程,2005(4):54-57.

[53] 陈志诚,杨克巍,等. 基于效能评估的坦克作战联邦设计与实现[J]. 计算机仿真, 2005(10):250-253.

[54] 曾宪钊,蔡游飞,等. 基于作战仿真和探索性分析的海战效能评估[J]. 系统仿真学报,2005(3):763-766.

[55] 郭兴旺. 具有 Windows 界面的信号采集与分析系统的设计与实现[J]. 计算机与信息处理标准化,1998(2):16-18.

[56] 叶林,林良真. 基于PCI总线的实时数据采集系统[J]. 测控技术,1999(5):27-28.

[57] 林茂六. 模块汉化软面板及驱动程序[J]. 电子测量与仪器学报,1997(9):1-7.

[58] 李瑞麟. 自动测试系统中用户软件的设计方法[J]. 电子测量与仪器学报,1997(3): 29-32.

[59] 陈泽宇. 虚拟仪器在自动测试系统设计中的实际应用[J]. 今日电子,1996(11):71-73.

[60] 陈泽宇. 基于虚拟仪器的软件设计方法在自动测试系统设计中的应用[J]. 电子测量技术,1998(4):29-34.

[61] 吴祥海,柳光辽,孙海波,等. 轻兵器自动机运动测试[C]. 兵器学会年会,1992.

[62] 郭凯,徐诚,卜雄洙. 基于虚拟仪器技术的枪械自动机测试系统[J]. 弹道学报,2000 (3):79-83.

[63] 吴祥海. YSW 型永磁式速度位移传感器[C]. 全国传感器技术学术交流会论文集,1984.

[64] 马迎曙. 智能化测速系统的研究[D]. 南京:南京理工大学,2004.

[65] 鲍廷钰,邱文坚. 内弹道学[M]. 北京:北京理工大学出版社,1995.

[66] 克里尔 H,塞墨费尔特 M. 现代枪炮内弹道学[M]. 谢庚,译. 北京:国防工业出版社,1985.

[67] 编写组. 步兵自动武器及弹药设计手册[M]. 北京:国防工业出版社,1977.

[68] 付忆民. 轻武器射击[M]. 北京:解放军出版社,2003.

[69] 李伟如. 射击与命中的科学[M]. 北京:兵器工业出版社,1994.

[70] 吴祥海. YSW 型永磁式速度位移传感器[C]. 全国传感器技术学术交流会论文集,1984.

[71] 金栋平,胡海岩. 碰撞振动及其典型现象[J]. 力学进展,1999(2):155-164.

[72] Herbert R G,McWhannell D C. Shape and Frequency Composition of Pulses from an Impact Pair. Journal of Engineering for Industry[J],1997(8):513-518.

[73] 张小国,吴义忠,李广安. 间隙接触碰撞副的动力学模型[J]. 机械设计,1998(12):29-31.

[74] 史维祥,尤昌德. 系统辩识基础[M]. 上海:上海科学技术出版社,1988.

[75] 顾启泰. 应用仿真技术[M]. 北京:国防工业出版社,1995.

[76] 胡敦辉. 基于实弹射击的自动报靶系统设计与研制[D]. 上海:上海交通大学,2003.

[77] 陈海峰. 基于图像处理技术的自动报靶系统研究[D]. 南京:南京航空航天大学,2005.

[78] 崔春雷. 军用自动报靶系统中图像识别技术的研究[D]. 大连:大连海事大学,2004.

[79] 贾永红. 数字图像处理[M]. 武汉:武汉大学出版社,2003.

[80] 李朝晖. 数字图像处理及应用[M]. 北京:机械工业出版社,2004.

[81] 陈云门. 射击效率评定[M]. 北京:兵器工业出版社,1994.

[82] 刘怡昕,杨伯忠. 炮兵射击理论[M]. 北京:兵器工业出版社,1998.

[83] 张景赛. 分布式虚拟战场环境中坦克仿真系统的研究与实现[D]. 北京:北京航空航天大学,2001.

[84] 高乃同. 自动武器弹药学[M]. 北京:国防工业出版社,1990.

[85] 兵器工业部《枪械手册》编写组. 枪械手册[M]. 北京:国防工业出版社,1986.

[86] 杨仁宝,蔡远文. 运载火箭效能评估体系研究[J]. 装备指挥技术学院学报,2002(1):50-56.

[87] 高雅林. 舰船作战效能的分析方法[J]. 船舶标准化与质量,1998(3):21-24.

[88] 王京鸣. 155mm 牵引榴弹炮系统效能分析[D]. 南京:南京理工大学,2000.

[89] 吴俊杰,潘麟生. 随机过程[M]. 长沙:湖南大学出版社,1988.

[90] 黄俊,孙义东,等. 战斗机对地攻击作战效能分析[J]. 北京航空航天大学学报,2002(3):354-357.

[91] 李洪光,等. 模糊数学[M]. 北京:国防工业出版社,1994.

[92] 江裕钊,辛培清. 数学模型与计算机模拟[M]. 成都:电子科技大学出版社,1989.

[93] 方再根. 计算机模拟和蒙特卡罗方法[M]. 北京:北京工业学院出版社,1988.

[94] 吴晓锋,周智超. SEA 方法及其在 C^3I 系统效能分析中的应用——(Ⅰ)概念与方法[J]. 系统工程理论与实践,1998(11):66-69.

[95] 吴晓锋,周智超. SEA 方法及其在 C^3I 系统效能分析中的应用——(Ⅱ)交战模型[J]. 系统工程理论与实践,1998(12):60-67.

[96] 吴晓锋,周智超. SEA 方法及其在 C^3I 系统效能分析中的应用——(Ⅲ)监视模型[J]. 系统工程理论与实践,1999(1):61-68.

[97] 吴晓锋,周智超. SEA 方法及其在 C^3I 系统效能分析中的应用——(Ⅳ)系统效能分析[J]. 系统工程理论与实践,1999(2):44-49.

[98] 陈培彬,崔海峰. 基于 SEA 的炮兵侦察系统效能分析及动态评估[J]. 情报指挥控制系统与仿真技术,2003(5):36-41.

[99] 李志猛,徐培德. 基于 SEA 的效能评价系统设计[J]. 计算机仿真,2004(2):138-140.

[100] 胡绍华,周延安.用 SEA 法分析地对空雷达对抗系统的时效性[J].电子对抗技术,2005(1):39-42.

[101] 郭锡福,赵子华.火控弹道模型理论及应用[M].北京:国防工业出版社,1997.

[102] 汤晓云,韩子鹏,邵大燮.外弹道气象学[M].北京:兵器工业出版社,1990.

[103] 徐明友.现代外弹道学[M].北京:兵器工业出版社,1999.

[104] 唐国栋.近程反导武器系统全弹道优化计算与模拟仿真[D].南京:南京理工大学,1999.

[105] 浦发,芮筱亭.外弹道学[M].北京:国防工业出版社,1989.

[106] 宋丕极.枪炮与火箭外弹道学[M].北京:兵器工业出版社,1993.

[107] 总参谋部轻武器论证研究所.步兵近战武器论证参考[M].北京:国防工业出版社,1992.

[108] 唐金钢,宋裕农,李剑博.基于数值 SEA 算法的反潜 C^3I 系统效能分析[J].现代防御技术,2005(2):49-52.

[109] 胡剑文,张维明,胡晓峰,等.一种基于复杂系统观的效能分析新方法:单调指标空间分析方法[J].中国科学 E 辑信息科学,2005(4):352-367.

[110] 胡剑文,张维明,刘忠.数值 SEA 算法及其在反隐身防空系统效能分析中的应用[J].系统工程理论与实践,2003(3):54-59.

[111] 胡剑文,张维明,刘忠.并行数值系统有效性分析算法研究[J].兵工学报,2003(4):484-489.

[112] 周枫.软件工程[M].重庆:重庆大学出版社,2001.

[113] 王家华.软件工程[M].沈阳:东北大学出版社,2001.

[114] 徐一飞,周斯富.系统工程应用手册——原理·方法·模型·程序[M].北京:煤炭工业出版社,1991.

[115] 董肇君.系统工程与运筹学[M].北京:国防工业出版社,2003.

[116] 汪应洛.系统工程理论、方法与应用[M].北京:高等教育出版社,1998.

[117] 李建波.巡航导弹武器系统作战效能评估的理论研究及软件研制[D].西安:西北工业大学,2005.

[118] 郭钟,周献中.虚拟现实在指挥决策中的应用研究[D].南京:南京理工大学,1999.

[119] 汪成为,高文,王成仁.灵境(虚拟现实)技术的理论[M].北京:清华大学出版社,1996.

[120] 曾建超,俞志和.虚拟现实的技术及其应用[M].北京:清华大学出版社,1996.

[121] 增芬芳.虚拟现实的技术[M].上海:上海交通大学出版社,1997.

[122] 李锦涛,刘国香.虚拟环境技术[M].北京:中国铁道出版社,1996.

[123] Joshua Eddings.虚拟现实半月通[M].石祥生,译.北京:电子工业出版社,1994.

[124] Jeo Gradecki.虚拟现实系统制作指南[M].何定等,译.北京:电子工业出版社,1996.

[125] 杨宝民,朱一宁.分布式虚拟现实技术及其应用[M].北京:科学出版社,2000.

[126] 康凤举.现代仿真技术与应用[M].北京:国防工业出版社,2001.

[127] 张宇宏,杨振鹏,王行仁,等.分布式虚拟环境及其在虚拟战场中的应用研究[J].系统仿真学报,2000(9):510-513.

[128] 李伯虎,等.综合仿真系统研究[J].系统仿真学报,2000(5):429-434.

[129] IEEE Standard for Distributed Interactive Simulation-Application Protocols[J]. IEEE STD 1278. 1-1995.

[130] IEEE Standard for Distributed Interactive Simulation Communication Services and Profiled [J]. IEEE STD 1278. 2-1995.

[131] Draft. Recommended Practice for Distributed Interactive Simulation-Exercise Management and Feedback[J]. IEEE p1278. 3.

[132] DMSO HLA Rules 1.0[R],21 August 1996 http://www. dmso. mil.

[133] DMSO HLA Interface Specification V1.0[R],15 August 1996 http://www. dmso. mil.

[134] 戴树岭.分布交互仿真若干问题研究[D].北京:航空航天大学,1997.

[135] 毕会娟.分布交互仿真体系结构及通信机制研究[D].北京:航空航天大学,1998.

[136] 赵敬东,陈治平,何佑明,等.HLA战场虚拟环境仿真框架研究[J].光电技术应用,2004(3):15-18.

[137] Standard for DIS Application Protocols[J]. Defense Modeling and Simulation Office, IEEE1278:1-1995.

[138] Rothrock M E. DIS and HLA Characteristics[J]. Technical Memo,29 October 1995.

[139] 熊新平,卿杜政.局域网下的分布交互攻防对抗仿真[J].系统工程与电子技术,1998(4):1-4.

[140] 姚光仑,王巨海,成洪俊,等.一种计算目视与光学器材探测概率的Monte-Carlo方法[J].现代防御技术,2005(1):70-72.

[141] 段玉森,束炯,等.上海市大气能见度指数指标体系的研究[J].中国环境科学,2005(4):460-464.

[142] 方忆平,徐洸,杨乃谦.飞行员自行截击搜索发现概率计算机仿真[J].军事系统工程,1994(1):6-10.

[143] 胡南钟.人眼动态视觉特性分析[J].上海大学学报,1995(2):212-217.

[144] 大连海运学院/上海海运学院航海气象编写组.航海气象(海洋船舶驾驶专业用)[M].北京:人民交通出版社,1981.

[145] 谭海涛,王贞龄,余品伦,等.地面气象观测[M].北京:军事科学出版社,1980.

[146] 曹毅,李宏,朱雪平.弹炮混编防空群机动部署方案优选与评估[J].现代防御技术,2004(3):4-7.

[147] 铁鑫,李为民,等.多梯队编组的地空导弹部队兵力机动新模式[J].空军工程大学学报,2004(4):40-42.

[148] 隋先辉,李晓阳.反舰作战中舰机协同对海搜索研究[J].火力与指挥控制,2003(6):10-13.

[149] 刘昌云,刘进忙,陈长兴,等.目标机动策略的智能决策支持系统研究[J].系统工程

与电子技术,2003(9):1104-1107.

[150] 黄建明,赵皖冀,陈艳彪.坦克分队作战仿真系统中的坦克机动模型研究[J].微机发展,2003(6):42-43.

[151] 刘广宇,王永峰,龚传信,等.装备保障兵力机动模型的建立[J].军械工程学院学报,2005(3):53-55.

[152] 田盛丰.人工智能原理与应用[M].北京:北京理工大学出版社,1993.

[153] 陈世福,陈兆乾.人工智能与知识工程[M].南京:南京大学出版社,1997.

[154] 吴泉源,刘江宁.人工智能与专家系统[M].长沙:国防科技大学出版社,1995.

[155] 王耀南.智能控制系统[M].长沙:湖南大学出版社,1996.

[156] 王寿云,倪海曙.现代作战模拟[M].上海:知识出版社,1984.

[157] 徐学文,王寿云.现代作战模拟[M].北京:科学出版社,2001.

[158] 军事科学院军事运筹分析研究所.作战系统工程导论[M].北京:军事科学出版社,1987.

[159] 马亚龙,王精业,徐丙立,等.基于分布式交互作战仿真的智能决策支持系统分析[J].系统仿真学报,2002(4):531-533.

[160] 吴新垣,范海,曾义,等.基于智能决策的仿真演示系统[J].系统仿真学报,2002(2):243-246.

[161] 郭齐胜,李光辉,杨立功,等.装甲战斗车辆计算机生成兵力系统的数学模型[J].系统仿真学报,2000(4):311-314.

[162] 韩亮,王行仁.综合仿真系统中蓝方航空分系统体系结构与决策模型[J].系统仿真学报,2000(5):460-462.

[163] 龚光红,王行仁,彭晓源,等.先进分布仿真技术的发展与应用[J].系统仿真学报,2004(2):222-230.

[164] 军事科学院战役战术研究部.高技术条件下局部战争战术问题研究(步兵战术)[M].北京:军事科学出版社,1996.

[165] 李洪程.步兵战术学[M].北京:军事科学出版社,2000.

[166] 中华人民共和国中央军事委员会.步兵战斗条令[M].北京:军事科学出版社,1999.

[167] 中国人民解放军总参谋部军训部.中国人民解放军步兵战斗条令学习提要[M].北京:军事科学出版社,1999.

[168] 秦彦波.C³I战术模拟技术研究与实现[J].火力与指挥控制,1994(1):37-41.

[169] 曲行达,龚光红.通用型CGF系统中推理决策模型的研究[J].系统仿真学报,2004(2):261-263.

[170] 徐润萍,王树宗,顾健.基于Agent的作战单元行为规划方法研究[J].系统工程与电子技术,2005(5):844-847.

[171] 谢建华,马立元,张睿,等.基于DI-GUY的某型导弹虚拟操作训练环境设计[J].计算机仿真,2005(3):66-68.

[172] 程岳,王宝树,李伟生. 贝叶斯网络在态势估计中的应用[J]. 计算机工程与应用,2002(23):206-208.

[173] 何新贵. 模糊知识处理的理论与技术[M]. 北京:国防工业出版社,1998.

[174] 庞国峰. 基于 HLA 的虚拟自然环境服务器的研究与实现[J]. 系统仿真学报,2003(1):41-43.

[175] 刘健,刘忠,颜冰. 基于 HLA 的潜艇隐蔽作战仿真系统开发研究[J]. 系统仿真学报,2004(3):420-423.

[176] 褚彦军,康凤举. 基于 HLA 的鱼雷武器系统分布交互仿真研究[D]. 西安:西北工业大学,2003.

[177] 任全,李为民,黄树彩. 基于 CGF/HLA 的地空导弹攻防对抗仿真研究[J]. 计算机仿真,2004(5):4-7.

[178] 李巧丽,郭齐胜,杨瑞平. 坦克 CGF 系统的火力仿真探讨[J]. 计算机仿真,2004(2):18-21.

[179] 张霞,黄莎白. 基于 HLA 的训练仿真系统开发研究[J]. 计算机仿真,2004(2):85-86.

[180] 刘健,刘忠. HLA 在潜艇作战系统仿真中的应用[J]. 计算机仿真,2004(4):146-148.

[181] 黄柯棣,邱晓刚,段红,等. 略论军用仿真技术面临的需求与发展的方向[J]. 系统仿真学报,2001(1):6-9.

[182] 张宇宏,胡亚海,彭晓源,等. 基于 HLA 的防空导弹武器系统仿真平台研究[J]. 北京航空航天大学学报,2003(1):1-4.

[183] 李永强,徐克虎. 基于 HLA 的层次联邦在装甲部队仿真模型体系中的应用[J]. 舰船电子工程,2005(3):93-95.

[184] 黄四牛,陈宗基,张鹏. 分布交互仿真/高层体系结构中作战想定的可视化生成系统[J]. 系统仿真学报,2002(3):310-312.

[185] Stone G F,McGinnis M L. Building scenarios in the next generation of simulations. Systems,Man,and Cyherneties[C]. 1998 IEEE International Conference on,1998(4):3652-3657.

[186] Whittle J,Schumann J. Generating state chart designs from scenarios[C]. Proceedings of the 2000 International Conference on Software Engineering,2000:314-323.

[187] 甘斌,赵雯,王维平,等. 地空试验靶场环境中想定系统的研究[J]. 系统仿真学报,2003(9):1257-1260.

[188] 李成辉,陈英武. 装甲仿真概念模型及作战想定编辑系统实现. 计算机仿真[J],2004(11):17-19.

[189] 石峰,赵雯,王维平. 联合作战仿真应用中的想定系统框架. 系统仿真学报[J],2003(2):212-215.

[190] 黄四牛,陈宗基,张鹏. 分布交互仿真/高层体系结构中作战想定的可视化生成系统[J]. 系统仿真学报,2002(3):310-312.

[191] 朱英浩,孙军,李少刚,等. 基于 IILA 和 GIS 的作战想定整合与态势演播[J]. 科技

导报,2004(12):19-22.

[192] 李群,杨峰,朱一凡,等. 空军战役过程推演系统的想定生成设计与实现[J]. 系统仿真学报,2003(3):414-416.

[193] 钱东. 系统分析与设计中的想定问题[J]. 鱼雷技术,2000(4):43-47.

[194] 姜军红,裴练军,李一凡. 某导弹测试系统的 DIS 视景仿真[J]. 计算机仿真,2002(2):20-24.

[195] 薛青,郭齐胜,王精业,等. 虚拟战场环境下装甲车辆仿真器的应用研究[J]. 系统仿真学报,2000(4):330-332.

[196] 李宁,彭晓源,马继峰,等. 虚拟作战战场环境的研究与实现[J]. 系统仿真学报,2003(7):969-972.

[197] 苏续军,石全,等. 装备战损模拟研究中虚拟视景仿真的应用[J]. 计算机仿真,2005(6):187-189.

[198] 马继峰,彭晓源,等. 虚拟作战系统中场景生成与显示关键技术研究与实现[J]. 系统仿真学报,2004(8):1735-1737.

[199] 莫怀才,冯勤. 虚拟战场视景仿真[J]. 测控技术,1999(6):9-11.

[200] 谢薇,郭齐胜,等. 基于 OpenGVS 的视景仿真的关键技术研究[J]. 计算机仿真,2001(6):26-28.

[201] 范乃梅,范跃华. 基于 OpenGL 的虚拟战场环境漫游系统[J]. 西安工业学院学报,2004(3):249-252.

[202] 尹小菡,蔡继红,等. 大规模虚拟战场环境三维生成技术研究[J]. 系统仿真学报,2000(5):514-516.

[203] 殷宏,王志东,许继恒. 基于 Creator/Vega 的战场视景仿真[J]. 解放军理工大学学报,2005(2):137-141.

[204] The MultiGen Creator Desktop Tutor[M]. USA:MultiGen-Paradigm,2001.

[205] Creating Terrain for Simulations[M]. USA:MultiGen-Paradigm,2001.

[206] Creating Models for Simulations[M]. USA:MultiGen-Paradigm,2001.

[207] 龚卓蓉,朱衡君. Vega 程序设计[M]. 北京:国防工业出版社,2002.

[208] 龚卓蓉,朱衡君. Lynx 图形界面[M]. 北京:国防工业出版社,2002.

[209] 蒋毅,陈晓,等. 交互式单兵作战仿真系统的研究与实现. 系统仿真学报[J],2005(5):1276-1278.

[210] 龚光红,冯勤,彭晓源,等. 人体运动的形象化建模与仿真[J]. 系统仿真学报,2002(3):285-287.

[211] 周前祥,王春慧. 虚拟人体建模技术及其在载人航天中的应用(上)[J]. 中国航天,2004(12):37-38.

[212] 周前祥,王春慧. 虚拟人体建模技术及其在载人航天中的应用(下)[J]. 中国航天,2005(1):38-39.

[213] 王兆其. 虚拟人合成研究综述[J]. 中国科学院研究生院学报,2000(2):89-98.

[214]　景韶宇,沈治英,苟秉承,等.人机设计中的虚拟人仿真技术研究[J].计算机工程与应用,2005(6):196-198.

[215]　卢晓军,李焱,等.一种用于动态环境的虚拟人行走规划方法[J].计算机工程与科学,2004(10):75-78.

[216]　贺怀清,洪炳熔.虚拟人实时运动控制的研究[J].计算机工程,2000(11):52-55.

[217]　洪炳熔,贺怀清.虚拟人步行和跑步运动方式的实现[J].计算机应用研究,2000(11):15-19.

[218]　马立元,谢建华,张睿.某型导弹虚拟训练系统中虚拟人运动控制的实现[J].计算机工程与应用,2005(11):205-207.

[219]　刘涛,孙守迁,潘云鹤.面向艺术与设计的虚拟人技术研究[J].辅助设计与图形学学报,2004(11):1475-1484.

[220]　卢晓军,李焱,贺汉根.基于 Petri 网的虚拟人行走动作建模及其仿真实现[J].系统仿真学报,2005(11):2679-2682.

[221]　王江云,王行仁,彭晓源.空战仿真系统中行为决策模型的设计与实现[J].系统仿真学报,2001(2):136-138.

[222]　李斌,杨立功,郭齐胜.人工神经元网络在 CGF 智能行为模型中的应用研究[J].计算机仿真,2001(3):4-6.

[223]　王会霞,赵新俊,王成仁.基于高层体系结构的计算机生成兵力关键技术研究[J].系统仿真学报,2002(9):1138-1140.

[224]　庞国峰.分布式虚拟战场环境中计算机生成兵力系统的研究[D].北京:北京航空航天大学,2000.

[225]　孙珠峰,孙尧,肖明彦.HLA 框架下舰艇 CGF 的总体方案及其实现[J].计算机工程,2004(12):152-154.

[226]　聂冲,赵雯,等.虚拟战场环境中的一种 CGF 系统的体系结构[J].系统仿真学报,2003(9):1343-1346.

[227]　刘秀罗,邱晓钢,黄柯棣.CGF 建模的相关标准研究[J].计算机工程与应用,2001(11):8-9.

[228]　庞国峰,陈国军.DVENET 中计算机生成兵力的初步实现[J].计算机研究与发展,1998(12):1084-1088.

[229]　杨立功,纪功,郭齐胜,等.聚合级 CGF 队形变换的仿真[J].计算机工程与应用,2001(23):17-18.

[230]　韩志军,王伟,花传杰.坦克分队计算机生成兵力的设计与实现[J].微机发展,2003(8):38-40.

[231]　韩志军,等.坦克分队计算机生成兵力(CGF)实体仿真研究[J].系统仿真学报,2004(7):1365-1368.

[232]　杨立功,郭齐胜.计算机生成兵力研究进展[J].计算机仿真,2000(3):4-7.

[233]　郑义,李思昆,曾亮.计算机生成兵力平台体系结构技术研究[J].计算机工程与科

学,2005(1):31-34.

[234] 王杏林,郭齐胜,徐如燕,等.基于多 agent 的聚合级 CGF 系统的体系结构研究[J].
计算机工程与应用,2001(19):64-66.

[235] 郭齐胜,杨立功,徐如燕,等.基于 HLA 的聚合级 CGF 初探[J].计算机工程与应用,
2001(19):41-43.

[236] 龚光红,王行仁.攻防对抗 DIS 系统中 CGF 的构造与建模[J].系统仿真学报,1998
(5):26-30.

[237] 张航义.基于 Agent 的 CGF 行为建模技术研究[J].计算机仿真,2003(8):79-81.

[238] 王涛,雷英杰,任全.基于 HLA 的地空导弹 CGF 模型[J].计算机仿真,2005(1):9-12.

[239] 王江云,龚光红,等.通用型计算机生成兵力开发系统[J].计算机工程与应用,2004
(16):206-208.

[240] 韩志军,花传杰,赖亚飞.虚拟环境中聚合级 CGF 坦克实体火力运用仿真[J].火力
与指挥控制,2004(2):80-82.

[241] 郭凯,卜雄洙,李建春,等.基于虚拟仪器技术的武器综合测试系统[J].火炮发射与
控制学报,2002(4):34-37.

[242] Guo Kai,Xu Cheng,Pu Xiongzhu,el al. Virtual Parameter Estimating System for Weapon Im-
pact Dynamics[C]. 5th International Symposium On Test and Measurement,2003:286-290.

[243] 郭凯,徐诚,卜雄洙,等.武器撞击动力学的参数估计方法与应用[J].兵工学报,
2004(2):242-245.

[244] 郭凯,卜雄洙,李建春,等.枪械实验数据采集与处理系统的总体设计与应用[C].
全国电子测控工程学术年会,2002:1218-1221.

[245] Guo Kai,Xu Cheng. Stochastic Mathematic Model of the Fighting Personnel and its Appli-
cation in Effectiveness Evaluation for Small Arms System[C]. International Symposium on
Communications and Information Technologies,2005:678-681.

[246] 郭凯,陈良坤,徐诚.枪械系统作战效能综合评估方法的研究[J].战术导弹技术,
2006(2):42-47.

[247] 郭凯,徐诚.虚拟武器碰撞动力学参数辨识系统[J].电子与信息学报,2003
(8):37-40.

[248] 郭凯,徐诚.基于射击效率的枪械系统作战效能评估方法研究[J].兵工学报,2007
(2):148-152.

[249] Guo Kai,Xu Cheng. Synthetically Evaluation Method and Application of Fighting Effective-
ness for Small Arms System[C]. 6th International Symposium On Test and Measurement,
2005:786-789.

[250] 郭凯,徐诚.基于 SEA 的枪械系统作战效能分析方法的研究[J].火炮发射与控制
学报,2006(3):256-259.

[251] 郭凯.基于虚拟仪器技术的弹丸初速与射击频率测试系统研究与实现[C].中国仪
器仪表学会第九届青年学术会议,2007:282-285.